H. O. Seinsch
Ausgleichsvorgänge bei
elektrischen Antrieben

Ausgleichsvorgänge bei elektrischen Antrieben

Grundlagen zur analytischen und numerischen Berechnung

Von Prof. Dr.-Ing. Hans-Otto Seinsch
Universität Hannover

Mit 61 Bildern

 Springer Fachmedien Wiesbaden GmbH

Die Deutsche Bibliothek — CIP-Einheitsaufnahme

Seinsch, Hans Otto:
Ausgleichsvorgänge bei elektrischen Antrieben : Grundlagen
zur analytischen und numerischen Berechnung / von Hans-Otto
Seinsch. — Stuttgart : Teubner, 1991
   ISBN 978-3-519-06136-6   ISBN 978-3-663-01398-3 (eBook)
   DOI 10.1007/978-3-663-01398-3

Vorwort

Das vorliegende Buch ist aus einer Vorlesung entstanden, die ich seit einigen Jahren an der Universität Hannover für Studenten der elektrotechnischen Studienrichtungen Allgemeine Elektrotechnik und Energietechnik im 6. Semester abhalte. Zum Verständnis sind elementare Kenntnisse in Mathematik sowie über den Aufbau und das Grundwellenbetriebsverhalten der gebräuchlichen Arten von elektrischen Maschinen erforderlich.

In der Vergangenheit haben die Ausgleichsvorgänge bei Antrieben in Lehrbüchern ein Schattendasein geführt. Nur der Stoßkurzschluß der Synchronmaschine bei konstanter Drehzahl wurde in allen Einzelheiten behandelt, das übrige transiente Verhalten der Drehfeldmaschinen hingegen durchweg nur qualitativ gewürdigt. Hierfür gibt es zwei Gründe:

- Die Schaltvorgänge beschreibenden Differentialgleichungen sind in der Regel geschlossen nur unter der Annahme konstanter Drehzahl und weiterer roher Näherungen, z.B. Vernachlässigung der Stromverdrängung in Käfigwicklungen, lösbar. Fast alle in der Praxis wichtigen Ausgleichsvorgänge erfordern numerische Lösungen, für die erst seit wenigen Jahren einfach programmier- und bedienbare, leistungsfähige Rechner überall verfügbar sind.

- Das Anwachsen der Netzkurzschlußleistungen und die stark gestiegenen Anforderungen an die Verfügbarkeit von Antrieben haben Schaltvorgänge in den Blickpunkt gerückt (Beispiel Langzeit-Netzumschaltungen), die früher gar nicht vorkamen und bei denen mechanische Bauteile wie z.B. Kupplungen oder Getriebe so stark belastet werden, daß mitunter Ausführbarkeitsgrenzen überschritten werden.

In dieser Monografie wird der Versuch unternommen, den in vielen Einzeldarstellungen veröffentlichten Stand der Kenntnisse systematisch gegliedert und konzentriert zusammenzufassen. Die technischen Einzelheiten werden in allen Abschnitten einerseits so weit in den Rechnungsgang eingebunden, wie dies zum Erzielen von quantitativ für die Ingenieurpraxis ausreichend genauen Ergebnissen erforderlich ist, andererseits wird auf das Abbrennen jedweden theoretischen Feuerwerks als Selbstzweck verzichtet. Die Darstellung enthält bewußt keine rechentechnischen Details und verfolgt im Kern das Ziel, dem Leser den Blick für das physikalische Problem offenzuhalten und ihn in die Lage zu versetzen, Plausibilitäts- und Grenzwertkontrollen auch bei solchen

Ergebnissen durchzuführen, die rein numerisch gewonnen wurden.

Die magnetischen Verknüpfungen zwischen den verschiedenen Strängen von Ständer und Läufer einer Drehfeldmaschine sind komplex. Zur Erhöhung der Transparenz der Rechnungsgänge bedient man sich einer mathematischen Transformation, bei der man für Induktions- bzw. Synchronmaschinen mit nur zwei Spannungsgleichungen wie im stationären Betrieb auskommt. Von den bekannten Transformationsvorschriften habe ich im Sinne der genannten Zielsetzung die Symmetrischen Komponenten (SK) ausgewählt. Für sie ist der Zusammenhang zwischen den fiktiven transformierten Größen und den originalen Zeitverläufen besonders einfach. Die anderen Verfahren (Zweiachsentheorie und Raumzeigerkalkül) werden aber auch vorgestellt mit der beruhigenden Gewißheit, daß alle diese Methoden auf den gleichen Randbedingungen aufbauen und folglich auch zu identischen Ergebnissen führen.

Die Zweiachsentheorie wurde von R.H. Park schon 1929 veröffentlicht. Aber auch die geschlossene Beschreibung des Gesamtfeldes einer elektrischen Maschine mit verallgemeinerten Symmetrischen Komponenten hat V. Klima bereits in den dreißiger Jahren entwickelt. W.V. Lyon hat sie nach dem 2. Weltkrieg speziell auf Ausgleichsvorgänge zugeschnitten. Der später von K.P. Kovacs vorgestellte Raumzeigerkalkül unterscheidet sich im formalen Aufbau der Gleichungen von den SK nur um den Faktor 2.

Ich danke meinen Sekretärinnen, Frau Waltraut Haake und Frau Dorothea Hanquist, für das Schreiben des Manuskriptes. Dank schulde ich auch meinen wissenschaftlichen Mitarbeitern Dipl.-Ing. Bernd Ponick und Dipl.-Ing. Stephan Rust für ihre wertvollen Hinweise und die Mühsal des Korrekturlesens. Nicht zuletzt danke ich Herrn cand.ing. Markus Riedel für den Fleiß und die Sorgfalt bei der Gestaltung des Textes und der Bilder.

Hannover, im Sommer 1991   Hans Otto Seinsch

Inhaltsverzeichnis

Einleitung

In diesem Buch werden die Grundlagen zur analytischen und numerischen Berechnung der bei Schaltvorgängen an elektrischen Antrieben auftretenden elektromagnetischen und mechanischen Ausgleichsvorgänge, die häufig simultan ablaufen, vermittelt. Der Begriff Antrieb schließt die speisende Spannungs- oder Stromquelle (starres Netz, Stromrichterschaltung, usw.), die rotierende elektrische Maschine und die mechanische Arbeitsmaschine ein.

Die analytischen Rechnungen werden jeweils soweit vorangetrieben, wie sie den Einblick in das physikalische Problem gestatten. Die Einzelheiten der numerischen Integration von geschlossen nicht mehr lösbaren Differentialgleichungssystemen, z.B. mit Hilfe des Runge-Kutta-Verfahrens, gehören nicht in diese ingenieurmäßigen Betrachtungen. Vor allem in den Kapiteln über Antriebe mit Drehfeldmaschinen werden jedoch die wichtigsten Erkenntnisse und Schlußfolgerungen anhand von Beispielen diskutiert, deren Ergebnisse mit Hilfe von Rechenmaschinenprogrammen auf Digitalrechnern gewonnen wurden.

Zum Verständnis dieses Buches sind Kenntnisse über den Aufbau, die grundlegende Funktionsweise und die Grundfeld-Theorie der wichtigsten Arten elektrischer Maschinen (Gleichstrommaschinen, Induktionsmaschinen, Synchronmaschinen) erforderlich.

Es werden nur solche Ausgleichsvorgänge behandelt, bei denen die Maschine durch die konzentrierten Größen des stationären Betriebes nachgebildet werden darf. Hochfrequente Schaltvorgänge, die z.B. durch Blitzeinschläge oder durch multiples Wiederzünden von Schaltern ausgelöst werden können, sind nicht Gegenstand dieser Abhandlung. Ihre Berücksichtigung würde andere Lösungsmechanismen erfordern und den Rahmen dieses Buches sprengen.

1. Laplace-Transformation zur Lösung gewöhnlicher Differentialgleichungen

Wenn die behandelten Schaltvorgänge auf Systeme von gewöhnlichen Differentialgleichungen führen, sollen diese mit Hilfe der Laplace-Transformation gelöst werden. Einer Zeitfunktion $f(t)$ wird durch das sogenannte Laplace-Integral

$$\mathcal{L}(f(t)) = \varphi(p) = \int\limits_0^\infty f(t) \cdot e^{-pt} \cdot dt \qquad (1)$$

eine Unterfunktion oder Bildfunktion $\varphi(p)$ zugeordnet. Die komplexe Variable p im Unter- bzw. Bildbereich besitzt die Dimension einer Frequenz. Für die Zuordnung zwischen Ober- und Unterbereich soll die folgende Schreibweise angewandt werden:

$$\mathcal{L}(f(t)) = \varphi(p) \qquad\qquad \mathcal{L}^{-1}(\varphi(p)) = f(t) \qquad (2)$$

Der französische Mathematiker Pierre Simon de Laplace (1749 - 1827) war nicht der Schöpfer der Laplace-Transformation. Der englische Telegrafen-Ingenieur Oliver Heaviside (1850 - 1925) schuf durch Probieren, geniale Intuition und Erfahrung die nach ihm benannte Operatorenrechnung, welche formal weitgehend übereinstimmt mit den Ergebnissen der Laplace-Transformation. Die mathematische Begründung der Laplace-Transformation, vor allem durch den Mathematiker Gustav Doetsch, war etwa 1955 abgeschlossen. Die Laplace-Transformation wird grundsätzlich als bekannt vorausgesetzt, hier werden nur einige Hinweise zur "handwerklichen" Nutzung gegeben. Die wichtigsten Funktionenpaare sind in Tafel 1, die wichtigsten Rechenregeln in Tafel 2 zusammengestellt.

Fast alle in der Ingenieurpraxis vorkommenden Funktionenpaare lassen sich mit den Rechenregeln nach Tafel 2 aus einem bekannten Funktionenpaar nach Tafel 1 einfach herleiten. Im Bedarfsfall kann man aber auch auf umfänglichere Sammlungen von Funktionenpaaren [1,2] zurückgreifen. Auch die Rücktransformation in den Zeitbereich geschieht mit Hilfe bekannter Funktionenpaare; das sogenannte komplexe Umkehr-Integral muß in ingenieurmäßigen Anwendungen nie gelöst werden.

Die Rechenregeln nach Tafel 2 offenbaren den praktischen Nutzen der Laplace-Transformation. Differenzieren und Integrieren werden durch Transformation in den Unterbereich auf eine Rechenoperation der nächst niedrigeren Stufe, nämlich Multiplizieren und Dividieren, zurückgeführt. Aus einer linearen Differentialgleichung im Zeitbereich wird demnach im Unterbereich eine lineare algebraische Gleichung.

Zwischen der Laplace-Transformation und der komplexen Schwingungsrechnung der Wechselstromlehre bestehen formale Analogien. Die komplexe Schwingungsrechnung stellt ebenfalls eine Transformation dar, bei welcher einer sinusförmig verlaufenden

	Zeitfunktion	Bildfunktion
1	1	$\frac{1}{p}$
2	$\frac{t^n}{n!}$	$\frac{1}{p^{n+1}}$ n ganz
3	$\delta(t)$	1
4	$\frac{1}{T}e^{\frac{-t}{T}}$	$\frac{1}{1+pT}$
5	$\frac{t^n}{n!}e^{-\alpha t}$	$\frac{1}{(p+\alpha)^{n+1}}$ n ganz
6	$1 - e^{\frac{-t}{T}}$	$\frac{1}{p(1+pT)}$
7	$\frac{1}{p_1-p_2}\left(e^{p_1 t} - e^{p_2 t}\right)$	$\frac{1}{(p-p_1)(p-p_2)}$
8	$\sin \alpha t$	$\frac{\alpha}{p^2+\alpha^2}$
9	$\cos \alpha t$	$\frac{p}{p^2+\alpha^2}$
10	$\sinh \alpha t$	$\frac{\alpha}{p^2-\alpha^2}$
11	$\cosh \alpha t$	$\frac{p}{p^2-\alpha^2}$
12	$\frac{t}{T^2}e^{\frac{-t}{T}}$	$\frac{1}{(1+pT)^2}$
13	$\frac{1}{p_1 p_2}\left\{1 + \frac{1}{p_1-p_2}\left(p_2 e^{p_1 t} - p_1 e^{p_2 t}\right)\right\}$	$\frac{1}{p(p-p_1)(p-p_2)}$
14	$1 - \left(1 + \frac{t}{T}\right)e^{\frac{-t}{T}}$	$\frac{1}{p(1+pT)^2}$
15	$\frac{1}{\omega}e^{-\delta t}\sin \omega t$	$\frac{1}{p^2+2\delta p+(\omega^2+\delta^2)}$
16	$\frac{1}{\delta^2+\omega^2}\left\{1 - \left(\cos \omega t + \frac{\delta}{\omega}\sin \omega t\right)e^{-\delta t}\right\}$	$\frac{1}{p\left\{p^2+2\delta p+(\omega^2+\delta^2)\right\}}$
17	$\left(\cos \omega t - \frac{\delta}{\omega}\sin \omega t\right)e^{-\delta t}$	$\frac{p}{p^2+2\delta p+(\omega^2+\delta^2)}$
18	$\frac{t}{\alpha} - \frac{1}{\alpha^2} + \frac{e^{-\alpha t}}{\alpha^2}$	$\frac{1}{p^2(p+\alpha)}$
19	$\frac{t}{\alpha^2} - \frac{1}{\alpha^3}\sin \alpha t$	$\frac{1}{p^2(p^2+\alpha^2)}$
20	$\frac{1}{2T^3}\cdot t^2 \cdot e^{\frac{-t}{T}}$	$\frac{1}{(1+pT)^3}$
21	$\frac{b_0}{\alpha}t + \frac{\alpha-b_0}{\alpha^2}\left(1 - e^{-\alpha t}\right)$	$\frac{b_0+p}{p^2(p+\alpha)}$
22	$\frac{1}{(a-b)^2}e^{at} - \frac{1}{a-b}e^{bt}\left(t + \frac{1}{a-b}\right)$	$\frac{1}{(p-a)(p-b)^2}$
23		$\frac{1}{p^2\tau}\cdot\frac{1-e^{-p\tau}}{1+e^{-p\tau}}$
24		$\frac{1}{p}\cdot\frac{1-e^{-p\tau}}{1+e^{-p\tau}}$

Tafel 1: Wichtige Funktionenpaare der Laplace-Transformation

	Zeitbereich	Bildbereich
Addition	$f_1(t) + f_2(t)$	$\varphi_1(p) + \varphi_2(p)$
Differentiation im Zeitbereich	$f'(t)$ $f''(t)$	$p\varphi(p) - f(0)$ $p^2\varphi(p) - pf(0) - f'(0)$
Integration im Zeitbereich	$\int f(t)dt$	$\frac{1}{p}\varphi(p) + \frac{1}{p}\cdot \mid \int f(t)dt \mid_{t=0}$
Faltungssatz	$f_1(t)\star f_2(t)$ $= \int\limits_0^t f_1(\tau)\cdot f_2(t-\tau)d\tau$ $= \int\limits_0^t f_1(t-\tau)\cdot f_2(\tau)d\tau$	$\varphi_1(p)\cdot\varphi_2(p)$
Lineare Substitutionen	$f(at - b)$	$\frac{1}{a}e^{-\frac{b}{a}\cdot p}\cdot\varphi(\frac{p}{a})$
	Sonderfall $b = 0$: $f(at)$ $\underline{\text{Ähnlichkeitssatz}}$	$\frac{1}{a}\varphi(\frac{p}{a})$
	Sonderfall $a = 1$: $f(t - b)$ $\underline{\text{Verschiebungssatz}}$	$e^{-bp}\cdot\varphi(p)$
Dämpfung im Zeitbereich	$\frac{1}{a}e^{-\frac{b}{a}\cdot t}\cdot f(\frac{t}{a})$	$\varphi(ap + b)$
Differentiation im Bildbereich	$(-t)^n\cdot f(t)$	$\frac{d^n}{dp^n}\varphi(p)$
Integration im Bildbereich	$\frac{f(t)}{t}$	$\int\limits_p^\infty \varphi(p)dp$
Differenzieren nach einer Konstanten	$\frac{d}{d\alpha}f(\alpha,t)$	$\frac{d}{d\alpha}\varphi(\alpha,p)$

$$\underline{\text{Anfangs} - \text{und Endwerte :}}$$
$$\lim_{t\to 0} f(t) = \lim_{p\to\infty}[p\cdot\varphi(p)]$$
$$\lim_{t\to\infty} f(t) = \lim_{p\to 0}[p\cdot\varphi(p)]$$

Wenn $f(\infty)$ um Mittelwert schwankt, liefert Grenzwertbildung diesen Mittelwert.

Tafel 2: Wichtige Rechenregeln der Laplace-Transformation

Zeitfunktion ein komplexer Zeitzeiger zugeordnet wird. Wegen der unterschiedlichen Transformationsvorschriften sind die Analogien rein formaler Natur, und es soll hier nicht vertieft darauf eingegangen werden.

Es sei lediglich erwähnt, daß bei der analytischen Behandlung von Schaltvorgängen in Netzwerken, welche vor dem Schalten unerregt waren (z.B. stromlose Drosseln oder ungeladene Kondensatoren), zwischen den Laplace-Transformierten von Spannung und Strom der Zusammenhang besteht

$$\mathcal{L}(u) = \mathcal{L}(i) \cdot Z(p) \quad . \tag{3}$$

Der Impedanzoperator $Z(p)$ stimmt formal mit der Wechselstrom-Impedanz des Netzwerkes überein, wenn man $j\omega$ durch p ersetzt.

Einer besonderen Betrachtung bedürfen die beim Differenzieren oder Integrieren auftretenden Anfangswerte der Funktion zum Zeitpunkt $t = 0$. Es muß eine Aussage getroffen werden, welcher Wert für $f(0)$ einzusetzen ist, wenn sich die Funktion $f(t)$ zum Zeitpunkt $t = 0$ sprunghaft ändert. Als Beispiel für diesen Zeitverlauf sei das Aufschalten einer Gleichspannung auf ein unerregtes Netzwerk erwähnt, bei dem die Spannung im Schaltaugenblick vom Wert Null auf den Wert U springt.

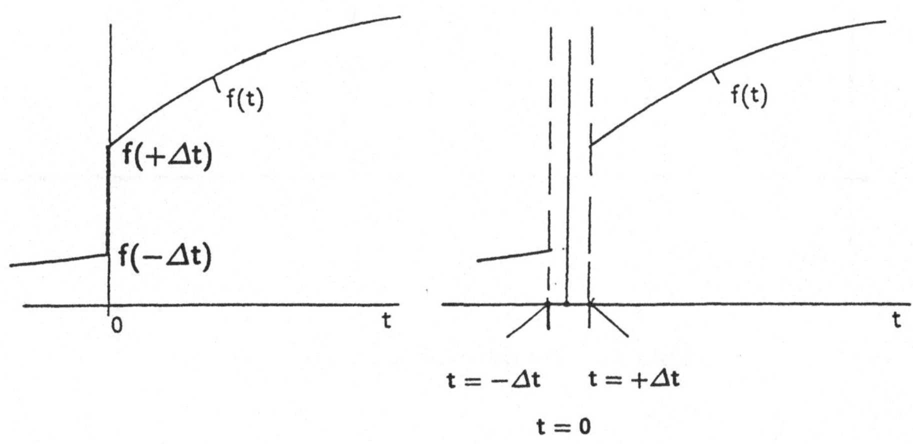

Bild 1:   Zum Anfangswert einer Funktion

14

Zur Unterscheidung wird der Funktionswert direkt vor dem Schalten $f(-\Delta t)$ und der Funktionswert unmittelbar nach dem Schalten $f(+\Delta t)$ genannt (Bild 1). Nach den mathematischen Darstellungen über die Laplace-Transformation muß beim Differenzieren und Integrieren stets der rechtsseitige Anfangswert $f(+\Delta t)$ eingesetzt werden. Die Differentiationsregel lautet dann

$$\mathcal{L}(f'(t)) = p \cdot \varphi(p) - f(+\Delta t) \quad . \tag{4}$$

Am Beispiel des Einheitssprunges soll aufgezeigt werden, welches Ergebnis sich einstellt, wenn man beim Differenzieren den linksseitigen Anfangswert $f(-\Delta t)$ einsetzt, die Differentiationsregel also in der Form schreibt

$$\mathcal{L}(f'(t)) = p \cdot \varphi(p) - f(-\Delta t) \quad . \tag{5}$$

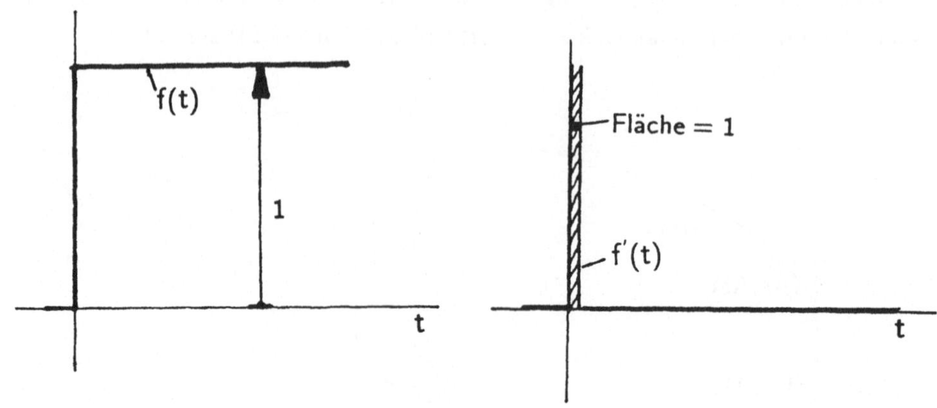

Bild 2:   Zur Differentiationsregel

Wenn man sich nur für die Vorgänge rechts der Sprungstelle $t = 0$ interessiert, so ist offensichtlich $f'(t) = 0$. Mit dem Funktionenpaar Nr. 1 von Tafel 1 wird das anschauliche Ergebnis durch die Differentiationsregel in der Form von Gl.(4) bestätigt:

$$\mathcal{L}(f'(t)) = p \cdot \frac{1}{p} - 1 = 0$$

Wenn man sich für den gesamten Zeitverlauf der Sprungfunktion interessiert, so führt die Differentiation offensichtlich auf die Dirac-Funktion $\delta(t)$, welche die Fläche vom Betrage Eins einschließt. Die Differentiationsregel in der Form von Gl.(5)

$$\mathcal{L}(f'(t)) = p \cdot \frac{1}{p} - 0 = 1$$

bestätigt das anschaulich gewonnene Ergebnis, denn $\mathcal{L}(\delta(t)) = 1$.

In einer Teildisziplin der Mathematik, der Theorie der Distributionen, wird die Dirac-Funktion, die nicht stetig und damit auch nicht differenzierbar ist und an der einzigen Stelle, wo sie existiert, den Wert Unendlich besitzt, in den Kalkül einbezogen. Die Ergebnisse und Rechenregeln der von dem Franzosen Hermann Amandus Schwarz und dem Polen Jan Mikusinski begründeten Theorie stimmen formal mit denen der Laplace-Transformation überein. Für die ingenieurmäßige Anwendung sind die strengen mathematischen Beweise nicht wichtig. Es muß jedoch sichergestellt sein, daß Stoßfunktionen, welche z.B. in Anlagen mit modernen Schaltern näherungsweise durchaus praktisch entstehen, durch die Rechnung erfaßt werden. Deshalb muß die Differentiationsregel stets in der Schreibweise nach Gl.(5) benutzt werden. Anderenfalls werden die Vorgänge im Schaltaugenblick u.U. nicht erfaßt. Das Rechnen mit dem rechtsseitigen Anfangswert wäre außerdem umständlicher, denn dieser soll als Ergebnis der Berechnung erst ermittelt werden, während der linksseitige Anfangswert aus den Randbedingungen des physikalischen Problems stets bekannt ist.

2. Schaltvorgänge bei ruhenden Anordnungen

2.1 Zu- und Abschalten eines "Ausnahme-Netzwerkes"

Das Netzwerk soll aus der Parallelschaltung einer verlustbehafteten Drossel und eines verlustbehafteten Kondensators bestehen, welche identische Zeitkonstanten besitzen. Die Anordnung soll an Gleichspannung geschaltet und nach Erreichen des stationären Zustandes wieder abgeschaltet werden.

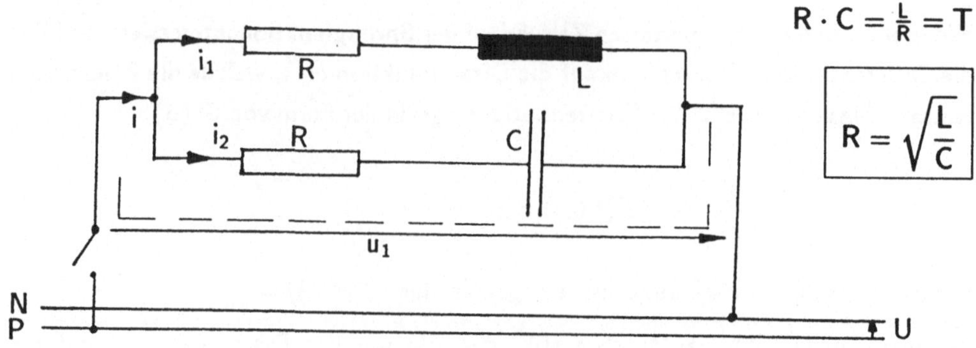

Bild 3: Schaltbild

Für das Zuschalten des unerregten Netzwerkes kann Gl.(3) angewandt werden. Man erhält für den Impedanz-Operator

$$Z(p) = \frac{(R + pL)\left(R + \frac{1}{pC}\right)}{2R + pL + \frac{1}{pC}} = \frac{R^2 + \frac{L}{C} + R\left(pL + \frac{1}{pC}\right)}{2R + pL + \frac{1}{pC}} = R \qquad (6)$$

und das auf Anhieb überraschende Ergebnis, daß der vom Netzwerk aufgenommene Strom ohne Ausgleichsvorgang auf den stationären Endwert $\frac{U}{R}$ springt.

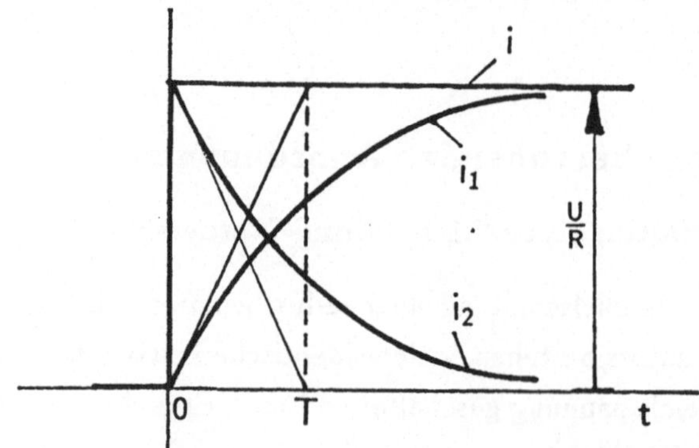

Bild 4: Stromverläufe beim Zuschalten

Der Zeitverlauf ist darin begründet, daß sich die wegen der Identität der Zeitkonstanten jeweils nach einer e-Funktion abklingenden Ausgleichsströme in den parallelen Zweigen zu Null addieren.

$$i = i_1 + i_2 = \frac{U}{R} \cdot \left(1 - e^{-\frac{t}{T}}\right) + \frac{U}{R} \cdot e^{-\frac{t}{T}} = \frac{U}{R} \tag{7}$$

Man kann aus dem Einschaltversuch durch keine noch so raffinierte Messung das Netzwerk von einem ohmschen Widerstand unterscheiden. Die energetischen Vorgänge sind jedoch in beiden Fällen völlig unterschiedlich: Beim Widerstand R wird die zugeführte Energie sofort vollständig in Wärme umgewandelt, bei dem Netzwerk werden hingegen auch die magnetische und die elektrische Feldenergie aus der Spannungsquelle bezogen.

Nach dem *Abschalten vom Netz* wird die Feldenergie in Wärme umgewandelt. Es soll überprüft werden, ob der im Innern des Netzwerkes abklingende Strom eine Spannung an den Klemmen erzeugt. Die Spannungsgleichung nach dem Abschalten lautet:

$$i_2 = -i_1 \quad : \quad 2Ri_1 + L \cdot \frac{di_1}{dt} + \frac{1}{C} \int i_1 dt = 0 \quad . \tag{8}$$

Bei der Transformation in den Unterbereich und Anwendung der Integrationsregel ist zu beachten, daß der Kondensator im Schaltaugenblick die Ladung $Q = C \cdot U$ trägt.

$$\mathcal{L}(i_1) \cdot \left(2R + pL + \frac{1}{pC}\right) - L \cdot \frac{U}{R} - \frac{U}{p} = 0 \tag{9}$$

$$\mathcal{L}(i_1) = \frac{U}{R} \cdot \frac{L + \frac{R}{p}}{2R + pL + \frac{1}{pC}} = \frac{U}{R} \cdot \frac{pLC + RC}{p^2LC + p2RC + 1}$$

$$= \frac{U}{R} \cdot \frac{pT^2 + T}{p^2T^2 + p2T + 1} = \frac{U}{R} \cdot \frac{T}{1 + pT} \tag{10}$$

Das Funktionenpaar Nr. 4 von Tafel 1 liefert den Strom im Zeitbereich

$$i_1(t) = \frac{U}{R} \cdot e^{-\frac{t}{T}} \quad . \tag{11}$$

Mit der Differentiationsregel in der Schreibweise nach Gl.(4) ergibt sich die Laplace-Transformierte der Spannung u_1 am Netzwerk zu

$$\mathcal{L}(u_1) = \mathcal{L}(i_1) \cdot (R + pL) - L \cdot \frac{U}{R} = \frac{U}{R} \cdot \frac{T}{1 + pT} \cdot R \cdot (1 + pT) - UT = 0 \quad . \quad (12)$$

Auch durch den Abschaltversuch kann das Netzwerk an den Klemmen nicht von einem ohmschen Widerstand unterschieden werden.

Das Beispiel verdeutlicht, daß die Differentiationsregel in der Form von Gl.(5) die physikalischen Vorgänge auch dann korrekt beschreibt, wenn wie im vorliegenden Fall unter den getroffenen Randbedingungen keine sprunghaften Energieänderungen in dem Netzwerk auftreten.

2.2 Zu- und Abschalten einer Wicklung mit Dämpferwicklung am Gleichspannungsnetz

Schaltvorgänge im Erregerkreis von Gleichstrom- oder Synchronmaschinen entsprechen wegen der Wirbelströme in massiven Eisenteilen oder metallischen Spulenkästen näherungsweise diesem Fall.

In diesem Abschnitt soll gezeigt werden, daß bei zwei magnetisch gekoppelten Stromkreisen die Zeitkonstanten der Kreise und die Streuung die Zeitverläufe der Ausgleichsvorgänge wesentlich beeinflussen. Wenn die Selbstinduktivitäten der beiden Kreise mit L_1, L_2 und die Gegeninduktivität mit M bezeichnet werden, so kann die Streuung über die sog. Ziffer der Gesamtstreuung

$$\sigma = 1 - \frac{M^2}{L_1 \cdot L_2} \tag{13}$$

ausgedrückt werden.

Die Zeitkonstanten der beiden Wicklungen lauten $T_1 = \frac{L_1}{R_1}$ bzw. $T_2 = \frac{L_2}{R_2}$. Vor dem Schließen des Schalters (t<0) ist die Anordnung unerregt ($i_1 = 0$, $i_2 = 0$). Die Spannungsgleichungen im Zeitbereich

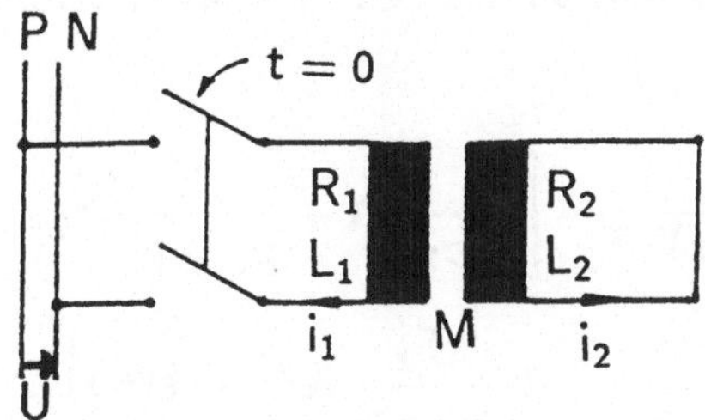

Bild 5:   Schalten einer Wicklung mit Dämpferwicklung an Gleichspannung

$$U = R_1 i_1 + L_1 \frac{di_1}{dt} + M \frac{di_2}{dt} \tag{14}$$

$$0 = R_2 i_2 + L_2 \frac{di_2}{dt} + M \frac{di_1}{dt} \tag{15}$$

und im Bildbereich

$$\frac{U}{p} = \mathcal{L}(i_1) \cdot (R_1 + pL_1) + \mathcal{L}(i_2) \cdot pM \tag{16}$$

$$0 = \mathcal{L}(i_1) \cdot pM + \mathcal{L}(i_2) \cdot (R_2 + pL_2) \tag{17}$$

führen nach Trennung der Variablen auf den Netzstrom

$$\begin{aligned}
\mathcal{L}(i_1) &= \frac{U}{R_1} \cdot \frac{1}{p} \cdot \frac{1 + pT_2}{p^2 \sigma T_1 T_2 + p(T_1 + T_2) + 1} \\
&= \frac{U}{R_1} \cdot \frac{1}{\sigma T_1 T_2} \cdot \frac{1 + pT_2}{p(p - p_1)(p - p_2)} ,
\end{aligned} \tag{18}$$

dessen Anfangswert ohne Rücktransformation aus dem Grenzwert im Unterbereich gemäß Tafel 2 errechnet werden kann.

$$i_1(+\Delta t) = \lim_{p \to \infty} p\mathcal{L}(i_1) = 0 \tag{19}$$

Dieses Ergebnis leuchtet auch physikalisch ein, denn in einem geschlossenen induktiven Stromkreis sind keine sprunghaften Energie- und somit keine sprunghaften Stromänderungen möglich.

Die Rücktransformation führt auf die Zeitverläufe der Ströme

$$i_1(t) = \frac{U}{R_1} \cdot \frac{1}{\sigma T_1 T_2} \cdot \left[\frac{1}{p_1 p_2} \left\{ 1 + \frac{1}{p_1 - p_2}(p_2 e^{p_1 t} - p_1 e^{p_2 t}) \right\} + \right.$$
$$\left. + \frac{T_2}{p_1 - p_2}(e^{p_1 t} - e^{p_2 t}) \right] \qquad (20)$$

$$i_2(t) = -\frac{U}{M} \cdot \frac{1-\sigma}{\sigma} \cdot \frac{1}{p_1 - p_2}(e^{p_1 t} - e^{p_2 t}) \quad . \qquad (21)$$

Zur Abkürzung wurden die Wurzeln des quadratischen Ausdruckes im Nenner von Gl.(18) mit p_1 bzw. p_2 bezeichnet.

$$p_{1;2} = -\frac{T_1 + T_2}{2\sigma T_1 T_2} \left(1 \mp \sqrt{1 - \sigma \cdot \frac{4 T_1 T_2}{(T_1 + T_2)^2}} \right) \qquad (22)$$

Für *kleine Streuung* $(\sigma \ll 1)$ lassen sich die Wurzeln nach Gl.(22) vereinfachen.

$$p_1 \approx -\frac{1}{T_1 + T_2} = -\frac{1}{T_h} \qquad (23)$$

$$p_2 \approx \frac{1}{T_1 + T_2} - \frac{T_1 + T_2}{\sigma \cdot T_1 \cdot T_2} \approx -\frac{T_1 + T_2}{\sigma \cdot T_1 \cdot T_2} = -\frac{1}{T_\sigma} \qquad (24)$$

Der Ausgleichsvorgang erfolgt für eine streuungsarme Anordnung mit zwei Zeitkonstanten, die sich näherungsweise darstellen lassen als

- die Summe der beiden Einzelzeitkonstanten, auch *Hauptfeldzeitkonstante* T_h genannt,

- die durch die Streuziffer σ bestimmte *Streufeldzeitkonstante* T_σ.

Mit Hilfe dieser Zeitkonstanten lassen sich die unübersichtlichen Ausdrücke nach den Gln.(20) und (21) auf die auch physikalisch anschauliche Schreibweise nach den Gln.(25) und (26) bringen.

$$i_1(t) \approx \frac{U}{R_1} \left\{ 1 - \frac{T_1}{T_h} e^{\frac{-t}{T_h}} - \left(\frac{T_2}{T_h} - \frac{T_\sigma}{T_h} \right) e^{\frac{-t}{T_\sigma}} \right\} \qquad (25)$$

$$i_2(t) \approx -\frac{U}{R_2} \cdot \frac{L_2}{M}(1 - \sigma)\frac{T_1}{T_h}\left(e^{\frac{-t}{T_h}} - e^{\frac{-t}{T_\sigma}}\right) \tag{26}$$

Der Netzstrom steigt nach dem Schalten an Gleichspannung vom Wert Null auf den stationären Gleichstrom $\frac{U}{R_1}$ an, wobei der Anstieg zunächst mit der kleinen Streufeldzeitkonstanten und dann mit der wesentlich größeren Hauptfeldzeitkonstanten erfolgt (Bild 6). Einen nachhaltigen Einfluß kann die Dämpferwicklung nur ausüben, wenn sie kupferreich (R_2 klein, T_2 groß) ausgelegt ist.

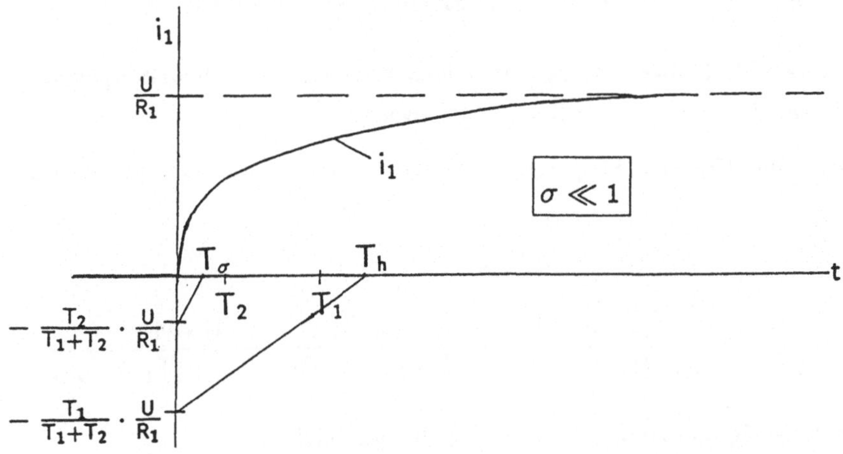

Bild 6:   Zeitverlauf des Netzstromes beim Einschalten

Im Grenzfall der *streuungslosen* Verkettung ($\sigma = 0$) führen die Gln.(20) und (21) auf

$$i_1(t) = \frac{U}{R_1}\left(1 - \frac{T_1}{T_1 + T_2}e^{\frac{-t}{T_1+T_2}}\right) \quad ,$$

$$i_2(t) = -\frac{U}{R_2}\frac{M}{L_1}\frac{T_1}{T_1 + T_2}e^{\frac{-t}{T_1+T_2}} \quad .$$

Im Schaltmoment tritt eine sprunghafte Stromänderung auf (Bild 7). Sie ist möglich, weil sich gleichzeitig ein Stromsprung in der Dämpferwicklung so einstellt, daß

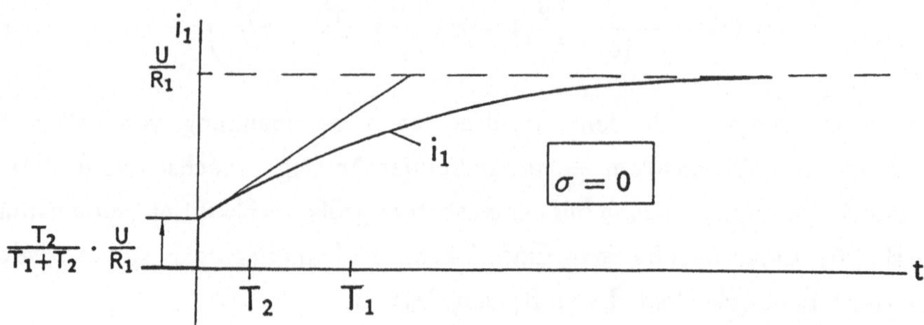

Bild 7:   Zeitverlauf des Netzstromes beim Einschalten für $\sigma = 0$

die resultierende Flußverkettung mit beiden Wicklungen im Schaltaugenblick stetig verläuft, wie die nachstehende Rechnung beweist.

Aus den Gln.(16) und (17) folgt für den Strom in der Dämpferwicklung mit $M^2 = L_1 \cdot L_2$

$$\mathcal{L}(i_2) = \frac{-\frac{U}{p} \cdot p \cdot M}{(R_1 + pL_1) \cdot (R_2 + pL_2) - p^2 L_1 L_2} = \frac{-U \cdot M}{R_1 R_2 \cdot \{1 + p(T_1 + T_2)\}} \quad . \quad (27)$$

Demnach beträgt der Anfangswert im Schaltaugenblick

$$i_2(+\Delta t) = \lim_{p \to \infty} p \cdot \mathcal{L}(i_2) = \frac{-U \cdot M}{R_1 R_2 \cdot (T_1 + T_2)} \quad . \quad (28)$$

Die Kontrollen der Flußverkettungen im Schaltaugenblick liefern für

Wicklung 1

$$\psi_1 = L_1 \cdot i_1 + M \cdot i_2 \quad . \tag{29}$$

$$\psi_1(-\Delta t) = 0 \tag{30}$$

$$\psi_1(+\Delta t) = U \cdot \frac{T_1 \cdot T_2}{T_1 + T_2} - U \cdot \frac{T_1 \cdot T_2}{T_1 + T_2} = 0 \tag{31}$$

Wicklung 2

$$\psi_2 = L_2 \cdot i_2 + M \cdot i_1 \tag{32}$$

$$\psi_2(-\Delta t) = 0 \tag{33}$$

$$\psi_2(+\Delta t) = -U \cdot \frac{T_2}{T_1 + T_2} \cdot \frac{M}{R_1} + U \cdot \frac{T_2}{T_1 + T_2} \cdot \frac{M}{R_1} = 0 \tag{34}$$

Der andere Grenzfall ($\sigma = 1$) entspricht dem Einschalten einer Drossel an Gleichspannung, die Dämpferwicklung bleibt stromlos. In Einklang mit der physikalischen Anschauung liefern die Gln.(20) und (21)

$$i_1(t) = \frac{U}{R_1} \left(1 - e^{\frac{-t}{T_1}}\right) \quad , \quad i_2(t) = 0 \quad .$$

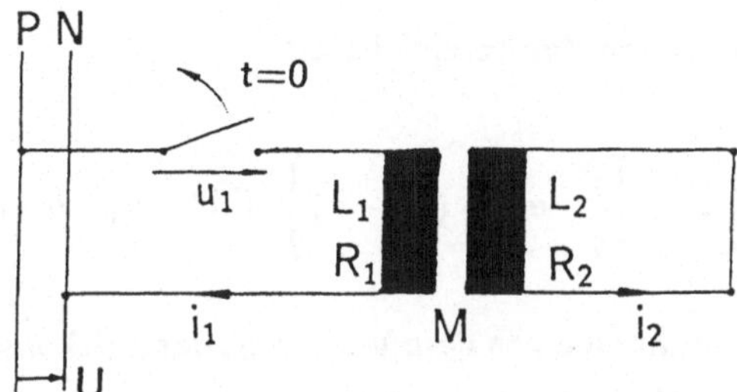

Bild 8: Abschalten einer Wicklung mit Dämpferwicklung von Gleichspannung

Vor dem Öffnen des Schalters in Bild 8 gilt im eingeschwungenen Zustand $i_1 = \frac{U}{R_1}$ und $i_2 = 0$. Bei einem idealen Schalter ist unmittelbar nach dem Öffnen $i_1(+\Delta t) = 0$. Wegen der Bedeutung der linksseitigen Anfangswerte ist es dennoch zweckmäßig, die Differentialgleichungen nach dem Schalten zunächst unter Einschluß des Stromes i_1 anzuschreiben.

$$U = u_1 + R_1 i_1 + L_1 \frac{di_1}{dt} + M \frac{di_2}{dt} \tag{35}$$

$$0 = R_2 i_2 + L_2 \frac{di_2}{dt} + M \frac{di_1}{dt} \tag{36}$$

24

Die Berücksichtigung der Anfangswerte bei der Transformation in den Unterbereich fließt auf diese Weise automatisch ein.

$$\frac{U}{p} = \mathcal{L}(u_1) - L_1 \cdot \frac{U}{R_1} + p \cdot M \cdot \mathcal{L}(i_2) \tag{37}$$

$$0 = \mathcal{L}(i_2) \cdot (R_2 + pL_2) - M \cdot \frac{U}{R_1} \tag{38}$$

Die gesuchte Spannung am Schalter u_1 bzw. an der Wicklung läßt sich übersichtlich mit Hilfe der Ziffer der Gesamtstreuung schreiben

$$\mathcal{L}(u_1) = \frac{U}{p} + L_1 \cdot \frac{U}{R_1} - pM \cdot \frac{M \cdot \frac{U}{R_1}}{R_2 + pL_2} = \frac{U}{p} + U \cdot T_1 \cdot \left(\sigma + \frac{1-\sigma}{1+pT_2}\right) \quad . \tag{39}$$

Die Rücktransformation in den Zeitbereich liefert

$$u_1 = U\left\{1 + \frac{T_1}{T_2} \cdot e^{\frac{-t}{T_2}} \cdot (1-\sigma)\right\} + U \cdot T_1 \cdot \sigma \cdot \delta(t) \quad . \tag{40}$$

Im Schaltaugenblick entsteht eine von dem Verhältnis der Zeitkonstanten $\frac{T_1}{T_2}$ abhängige Spannungsüberhöhung, welche mit der Zeitkonstanten der Dämpferwicklung abklingt, und eine von der Streuung abhängige Stoßfunktion (Bild 9).

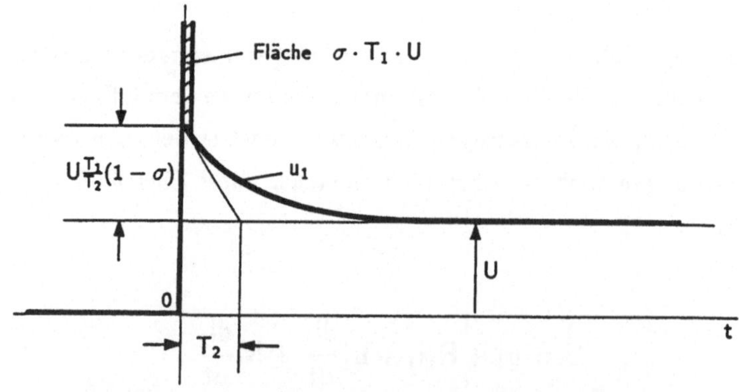

Bild 9: Zeitverlauf der Spannung u_1 am Schalter

Je kleiner T_2 ist (R_2 groß, kupferarme Dämpferwicklung), desto größer ist die Spannungsüberhöhung nach dem Abschalten, und desto weniger nachhaltig greift die Dämpferwicklung in den Ausgleichsvorgang ein.

Im Grenzfall einer *streuungslos verketteten Dämpferwicklung* ($\sigma = 0$) tritt keine Dirac-Funktion in der Spannung auf, weil durch die ideale magnetische Kopplung das Feld im Schaltaugenblick von der Dämpferwicklung "festgehalten" wird.

$$u_1(t) = U \left(1 + \frac{T_1}{T_2} e^{\frac{-t}{T_2}} \right) \tag{41}$$

Ohne magnetische Verkettung ($\sigma = 1$) wird die gesamte in der Spule gespeicherte magnetische Feldenergie durch das Abscheren des Stromes im idealen Schalter in unendlich kurzer Zeit vernichtet.

$$u_1(t) = U + U \cdot T_1 \cdot \delta(t) \tag{42}$$

Bei *widerstands- und streuungsloser (idealer) Dämpferwicklung* tritt überhaupt kein Ausgleichsvorgang auf, weil die kurzgeschlossene, widerstandslose Wicklung den Fluß des Schaltaugenblickes für alle Zeiten festhält (sog. *Schaltgesetz*).

$$u_1(t) = \mathcal{L}^{-1} \left\{ \frac{U}{p} + U \cdot T_1 - p \cdot L_1 \cdot L_2 \cdot \frac{U}{R_1} \cdot \frac{1}{pL_2} \right\} = U \tag{43}$$

Der Abschaltvorgang soll abschließend energetisch betrachtet werden. Unmittelbar vor dem Schalten ($t = -\Delta t$) gilt für die in den beiden Wicklungen gespeicherten magnetischen Feldenergien

$$w_{m1} = \frac{1}{2} \cdot L_1 \cdot \left(\frac{U}{R_1} \right)^2 \quad ; \quad w_{m2} = 0 \quad . \tag{44}$$

Direkt nach dem Schalten ($t = +\Delta t$) ist $i_1 = 0$, und der Anfangswert des Stromes i_2 folgt aus Gl.(38) zu

$$i_2(+\Delta t) = \lim_{p \to \infty} p \cdot \mathcal{L}(i_2) = \lim_{p \to \infty} \frac{p \cdot M}{R_2 + pL_2} \cdot \frac{U}{R_1} = \frac{M}{L_2} \cdot \frac{U}{R_1} \quad . \tag{45}$$

Damit ergibt sich die resultierende Feldenergie unmittelbar nach dem Schalten

$$w_m(+\Delta t) = w_{m1} + w_{m2} = 0 + \frac{1}{2} \cdot L_2 \cdot i_2^2(+\Delta t), \tag{46}$$

$$w_m(+\Delta t) = \frac{1}{2} \cdot \frac{M^2}{L_2} \cdot \left(\frac{U}{R_1}\right)^2 = (1 - \sigma) \cdot \frac{1}{2} \cdot L_1 \cdot \left(\frac{U}{R_1}\right)^2 =$$

$$= (1 - \sigma) \cdot w_m(-\Delta t). \tag{47}$$

Der Energieanteil

$$\sigma \cdot w_m(-\Delta t) = \sigma \cdot \frac{1}{2} L_1 \cdot \left(\frac{U}{R_1}\right)^2 = \underbrace{\sigma \cdot T_1 \cdot U}_{\substack{\text{Spannungs-} \\ \text{zeitfläche}}} \cdot \underbrace{\frac{1}{2} \cdot \frac{U}{R_1}}_{\substack{\text{Mittelwert} \\ \text{des Stromes}}} \tag{48}$$

wird als elektromagnetische Welle abgestrahlt bzw. in unendlich kurzer Zeit im Schalterlichtbogen in Wärme umgewandelt.

2.3 Einschalten eines Wechselstromtransformators im Leerlauf

Moderne Leistungstransformatoren sind so bemessen, daß sie im stationären Nennbetrieb dicht unterhalb des Sättigungsknicks der kornorientierten Transformatorenbleche betrieben werden. Die beim Einschalten mit offener Sekundärwicklung entstehenden Ausgleichsflüsse können den Transformator deshalb stark in die Sättigung treiben. Bei der Berechnung des transienten Einschaltstromes würde die Annahme konstanter Induktivität folglich zu falschen Ergebnissen führen.

Man gewinnt einen raschen Überblick über den Zeitverlauf des magnetischen Flusses, wenn man den Wicklungswiderstand R außer acht läßt. Die Spannung des als starr unterstellten Netzes ist unter dieser Voraussetzung gleich dem Differentialquotienten der Flußverkettung mit der angeschalteten Wicklung.

$$u(t) = \sqrt{2} \cdot U \cdot sin(\omega t - \varphi) = \frac{d\psi}{dt} \tag{49}$$

Die Integration führt beim Zuschalten zum Zeitpunkt t=0 mit dem Anfangswert der Flußverkettung $\psi(0) = 0$ auf den Zeitverlauf der Flußverkettung

$$\psi(t) = \int u(t)dt = \frac{\sqrt{2} \cdot U}{\omega} \cdot (cos\varphi - cos\,(\omega t - \varphi)) \quad . \qquad (50)$$

Je nach Größe des Nullphasenwinkels der Spannung tritt ein mehr oder minder großer Ausgleichsfluß auf, der den stetigen Übergang der Flußverkettung $\psi = 0$ im Schaltaugenblick bewirkt und wegen des fehlenden Energieverzehrs nicht abklingt. Die Grenzfälle des Ausgleichsflusses sind durch die Nullphasenwinkel $\varphi = \frac{\pi}{2}$ und $\varphi = 0$ gekennzeichnet. Im günstigsten Schaltaugenblick ($\varphi = \frac{\pi}{2}$) schließt die stationäre Flußverkettung stetig an den vorangegangenen Zustand an, und es entsteht kein Ausgleichsfluß. Im ungünstigsten Schaltaugenblick ($\varphi = 0$, Schalten im Nulldurchgang der Netzspannung) entsteht das volle Gleichstromglied in der Flußverkettung.

$$\psi(t) = \frac{\sqrt{2}U}{\omega}\,(1 - cos\omega t) \qquad (51)$$

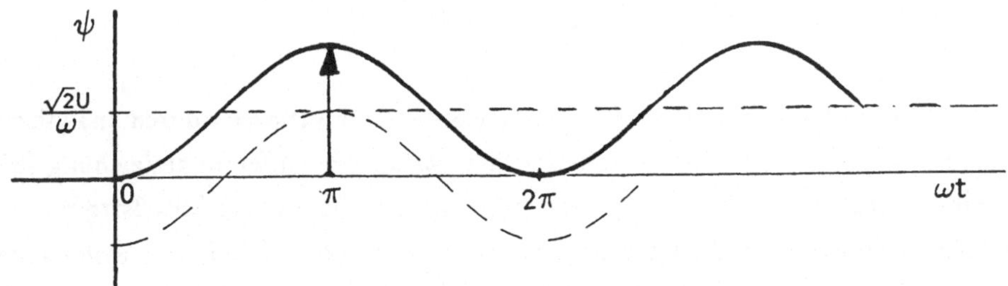

Bild 10: Flußverkettung eines leerlaufenden Einphasentransformators beim Einschalten im Nulldurchgang der Netzspannung

Eine halbe Periode nach dem Einschalten erreicht der Fluß den doppelten Scheitelwert des stationären Flusses, und hieraus resultieren wegen der gekrümmten Leerlaufkennlinie große Stromspitzen.

Die genaue Berechnung des Einschaltrushes unter Berücksichtigung von R muß numerisch aus der Differentialgleichung

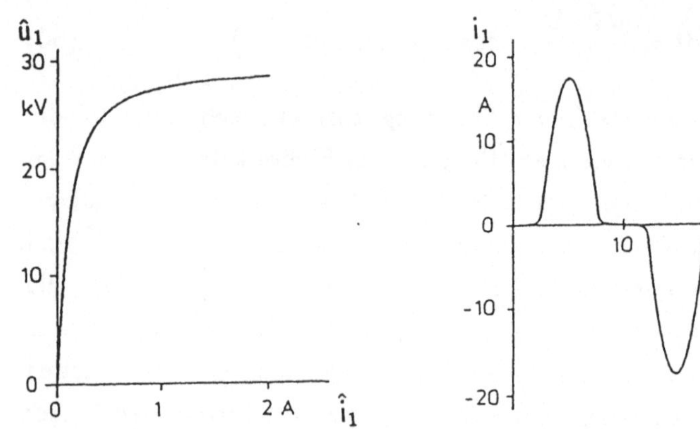

Bild 11:   a) Leerlaufkennlinie b) Leerlaufstrom im eingeschwungenen Zustand
Transformator 630 kVA, 20/0,4 kV, 50 Hz, 31,5/1575 A

$$\sqrt{2}U\,sin\omega t = R \cdot i_1 + \frac{d}{dt}\psi(i_1) \tag{52}$$

erfolgen. Die Leerlaufkennlinie nach Bild 11a wurde abschnittsweise durch analytische Funktionen nachgebildet. Die numerische Integration der Differentialgleichung (52) mit Hilfe eines erweiterten Runge-Kutta-Verfahrens liefert den Stoßstrom etwa eine halbe Periode nach dem Einschalten zu $i_{Sto\beta} \approx 64$ A (Bild 12), wohingegen der stationäre Leerlaufstrom lediglich den Scheitelwert $\hat{i}_0 = 17$ A besitzt. Der eingeschwungene Leerlaufstrom weicht stark von der Sinusform ab und enthält insbesondere Frequenzanteile von dreifacher Netzfrequenz (Bild 11b).

Die Stromspitze beim Rush liegt zwar über dem Nennstrom, wegen der kurzen Einwirkdauer ist der Vorgang thermisch jedoch ohne Bedeutung, und mechanisch muß der Transformator ohnehin für die wesentlich größeren Stromkräfte des plötzlichen Kurzschlusses ausgelegt sein.

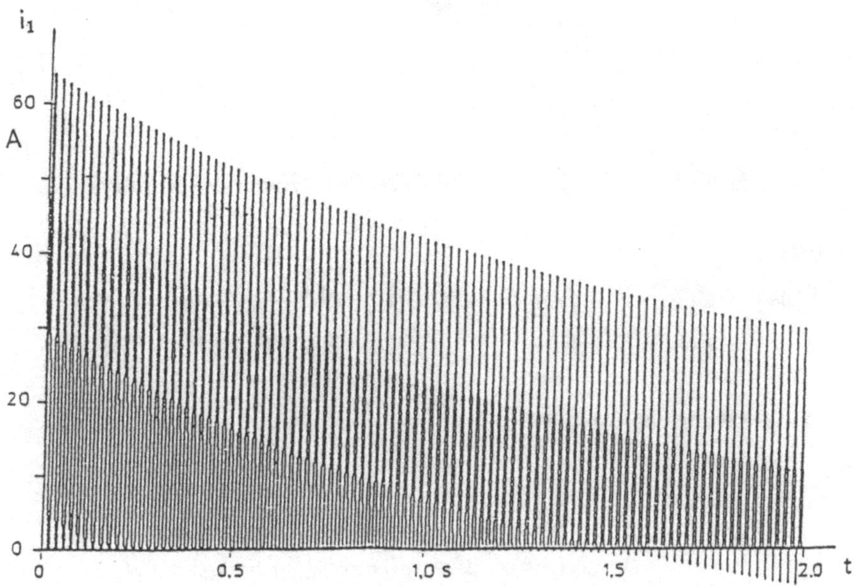

Bild 12: Einschaltrush beim Schalten im Nulldurchgang der Netzspannung
Transformator 630 kVA, 20/0,4 kV, 50 Hz, 31,5/1575 A

2.4 Kurzschluß eines Wechselstrom-Transformators

Die Ergebnisse der im folgenden für den Wechselstrom-Transformator durchgeführten Rechnung lassen sich - wie auch die von Abschnitt 2.3 - auf den Drehstrom-Transformator übertragen.

Mit den Bezeichnungen von Bild 13 gelten für den sekundärseitigen Kurzschluß aus dem vorangegangenen Leerlauf die Differentialgleichungen für $t > 0$:

$$u_1 = R_1\,i_1 + L_1\frac{di_1}{dt} + M\frac{di_2}{dt} \tag{53}$$

$$0 = R_2\,i_2 + L_2\frac{di_2}{dt} + M\frac{di_1}{dt} \tag{54}$$

Mit den Anfangswerten $i_1 = i_{10}$ und $i_2 = i_{20} = 0$ liefert die Transformation in den

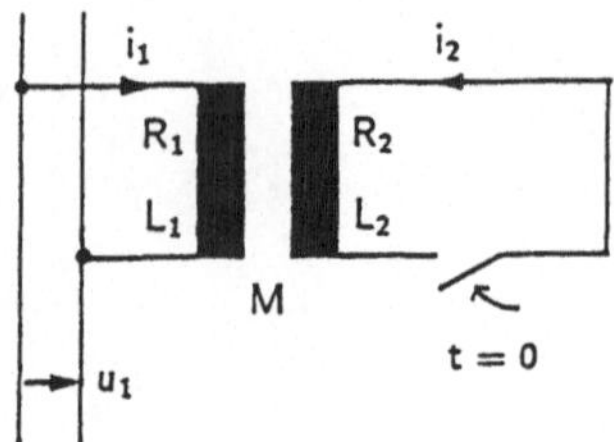

Bild 13:   Kurzschluß eines Wechselstromtransformators

Unterbereich

$$\mathcal{L}(u_1) = \mathcal{L}(i_1) \cdot R_1 \cdot (1 + pT_1) + \mathcal{L}(i_2) \cdot pM - L_1 \cdot i_{10} \tag{55}$$

$$0 = \mathcal{L}(i_1) \cdot p \cdot M \qquad\qquad + \mathcal{L}(i_2) \cdot R_2 \cdot (1 + pT_2) - M \cdot i_{10} \quad . \tag{56}$$

Der sekundäre Kurzschlußstrom

$$i_2(t) = \mathcal{L}^{-1} \left(-\frac{M}{R_1 \cdot R_2} \cdot \frac{p \cdot \mathcal{L}(u_1) - R_1 \cdot i_{10}}{p^2 \sigma T_1 T_2 + p(T_1 + T_2) + 1} \right) \tag{57}$$

$$i_2(t) = \mathcal{L}^{-1} \left(-\mathcal{L}(u_1) \cdot \varphi_1(p) + R_1 \cdot i_{10} \cdot \frac{1}{p} \cdot \varphi_1(p) \right) \tag{58}$$

$$i_2(t) = -u_1(t) \star f_1(t) + R_1 i_{10} \left(\int f_1(t)dt - \left| \int f_1(t)dt \right|_{t=0} \right) \tag{59}$$

läßt sich auf die Faltung bzw. die Integration einer Zeitfunktion $f_1(t)$ zurückführen, deren Laplace-Transformierte aus dem Funktionenpaar Nr. 7 in Tafel 1 durch Differentiation entsteht.

$$\varphi_1(p) = \frac{M}{R_1 R_2} \cdot \frac{1}{\sigma T_1 T_2} \cdot \frac{p}{(p - p_1)(p - p_2)}$$

$$f_1(t) = \frac{M}{R_1 R_2} \cdot \frac{1}{\sigma T_1 T_2} \cdot \frac{1}{p_1 - p_2} \left(p_1 e^{p_1 t} - p_2 e^{p_2 t} \right) \tag{60}$$

Die allgemeine Zeitfunktion des sekundärseitigen Kurzschlußstromes nimmt somit die Gestalt

$$i_2(t) = -u_1(t) * f_1(t) + i_{10}\frac{M}{R_2} \cdot \frac{1}{\sigma T_1 T_2} \cdot \frac{1}{p_1 - p_2}\left(e^{p_1 t} - e^{p_2 t}\right) \tag{61}$$

an. Ihr charakteristischer Verlauf ist durch die beiden Koppelzeitkonstanten gemäß Gl.(22) bestimmt.

Mit den größten Ausgleichsströmen ist zu rechnen, wenn der Kurzschluß in dem Zeitaugenblick eingeleitet wird, in welchem der Betrag des Leerlaufstroms sein Maximum besitzt. Da der ohmsche Wicklungswiderstand eines technischen Transformators sehr klein ist im Vergleich zur Leerlauf-Reaktanz X_1, stimmt dieser Zeitaugenblick praktisch mit dem Nulldurchgang der Klemmenspannung überein. In den weiteren Rechnungen wird deshalb $u_1(t) = \sqrt{2} \cdot U_1 \sin\omega t$ gesetzt. Aus der Lösung des Faltungsintegrals

$$e^{pt} * \sin\omega t = e^{pt} \cdot \int_0^t e^{-p\tau} \cdot \sin\omega\tau \cdot d\tau$$

$$= \frac{e^{pt}}{p^2 + \omega^2}\left|e^{-p\tau} \cdot (-p \cdot \sin\omega\tau - \omega \cdot \cos\omega\tau)\right|_0^t$$

$$= -\frac{1}{p^2 + \omega^2} \cdot (p \cdot \sin\omega t + \omega \cdot \cos\omega t) + \frac{\omega}{p^2 + \omega^2}e^{pt} \tag{62}$$

ergibt sich der wenig anschauliche Ausdruck

$$i_2(t) = -\frac{\sqrt{2}U_1}{\omega M} \cdot \frac{1-\sigma}{\sigma} \cdot \frac{\omega}{p_1 - p_2} \cdot \Bigg\{ -\frac{p_1}{p_1^2 + \omega^2}(p_1 \cdot \sin\omega t + \omega \cdot \cos\omega t)$$

$$+ \frac{p_2}{p_2^2 + \omega^2}(p_2 \cdot \sin\omega t + \omega \cdot \cos\omega t)$$

$$+ \frac{p_1\omega}{p_1^2 + \omega^2} \cdot e^{p_1 t} - \frac{p_2\omega}{p_2^2 + \omega^2} \cdot e^{p_2 t}\Bigg\}$$

$$+i_{10} \cdot \frac{M}{R_2} \cdot \frac{1}{p_1 - p_2} \cdot \frac{1}{\sigma T_1 T_2} \cdot \left(e^{p_1 t} - e^{p_2 t}\right) \quad . \tag{63}$$

Im *Grenzfall* $R_1 = 0$ ist der Anfangswert des Primärstromes in Strenge $i_{10} = \frac{-\sqrt{2}U_1}{\omega L_1}$. In Gl.(59) ist der zweite Term Null, und die Lösung des Faltungsintegrals vereinfacht sich zu

$$i_2(t) = -\frac{\sqrt{2}U_1}{\omega M} \cdot \frac{1-\sigma}{\sigma} \cdot \frac{(\sigma\omega T_2)^2}{1+(\sigma\omega T_2)^2} \cdot \left(\frac{1}{\sigma\omega T_2} \cdot \sin\omega t - \cos\omega t + e^{\frac{-t}{\sigma T_2}}\right). \tag{64}$$

Für den *vollständig widerstandslosen Transformator* ($R_1 = 0$, $R_2 = 0$) vereinfacht sich Gl.(64) zu

$$i_2(t) = -\frac{\sqrt{2}U_1}{\omega M} \cdot \frac{1-\sigma}{\sigma} \cdot (1 - \cos\omega t) \ . \tag{65}$$

Man erkennt unmittelbar, daß der Höchstwert des Kurzschlußstromes, der *Stoßkurzschlußstrom,*

$$\omega t = \pi \quad : \quad i_{2\text{Stoß}} = -\frac{\sqrt{2}U_1}{\omega M} \cdot \frac{1-\sigma}{\sigma} \cdot 2 = -2 \cdot \sqrt{2} \cdot I_{2k} \tag{66}$$

eine halbe Periode nach dem Schließen des Schalters auftritt und gleich dem doppelten Scheitelwert des stationären Kurzschlußstromes ist. Wegen $R = 0$ klingen die Ausgleichströme nicht ab.

Die nach den Gln.(63), (64) und (65) geplotteten Zeitverläufe sind für einen Beispieltransformator in Bild 14 wiedergegeben. Die Vernachlässigung der ohmschen Widerstände ist für den kritischen Augenblick, in welchem der Stoßkurzschlußstrom auftritt, in grober Näherung zulässig; sie gilt natürlich nicht für den eingeschwungenen Zustand.

Um die ziemlich aufwendige Auswertung von Gl.(63) einzusparen, berechnet man in der Praxis den Stoßkurzschlußstrom nach VDE 0532 Teil 1/11.71, Abschn. 25. Mit Hilfe eines Faktors k, welcher abhängig von dem Verhältnis der Kurzschlußreaktanz X_k zum Kurzschluß-Wirkwiderstand $R_k = R_1 + R_2'$ der folgenden Tabelle entnommen werden kann, ergibt sich $i_{\text{Stoß}} = k \cdot I_k = k \cdot \frac{I_N}{u_{kN}}$.

$\frac{X_k}{R_k}$	1	1,5	2	3	4	5	6	8	10	15	25	50	∞
k	1,51	1,64	1,76	1,95	2,09	2,19	2,27	2,38	2,46	2,57	2,66	2,74	2,83

Für den in Bild 14 als Beispiel gewählten Transformator mit der relativen Nenn-Kurzschlußspannung $u_{kN} = 4\%$ weist das Datenblatt $\frac{X_k}{R_k} = 6{,}33$ aus; somit k $= 2{,}28$

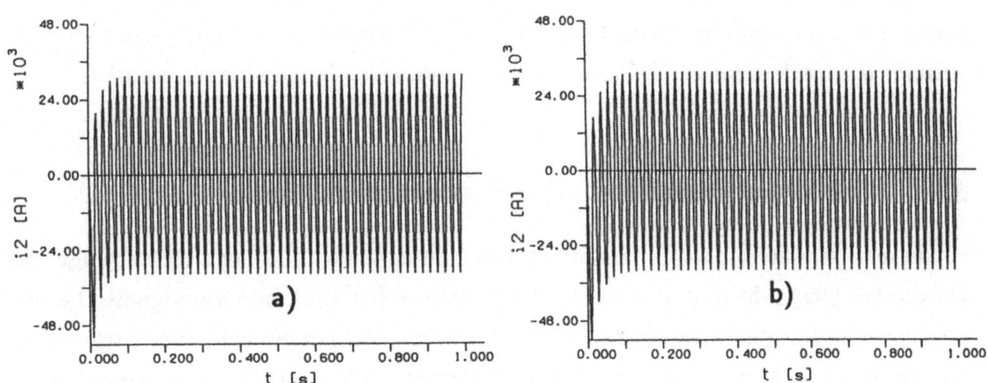

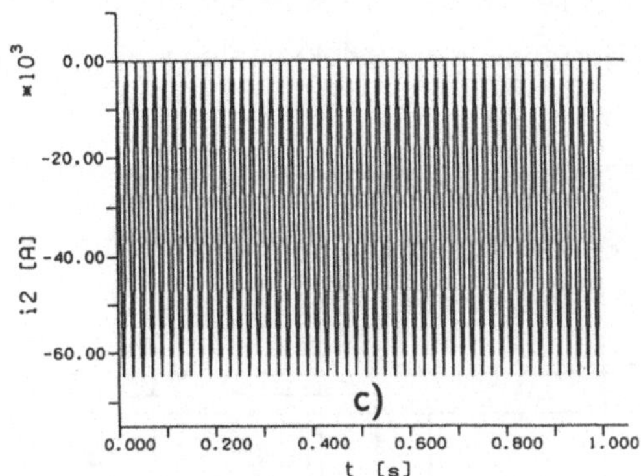

Bild 14: Kurzschluß eines Wechselstromtransformators im Nulldurchgang der Klemmenspannung
Zeitverlauf des Stromes
a) nach Gl.(63)   b) nach Gl.(64)   c) nach Gl.(65)
210 kVA, 20 kV/230 V, 10,5/910 A

und $i_{Stoß} = 2{,}28 \cdot \frac{910}{0{,}04}\text{A} = 51.870$ A. Die genaue Rechnung nach Gl.(63) ergibt $i_{Stoß} = 51.780$ A.

Transformatoren müssen den etwa eine halbe Periode nach dem Kurzschluß auftretenden höchsten Stromkräften mechanisch gewachsen sein, weil ein Abschalten in dieser kurzen Zeit technisch nicht möglich ist. Im Kurzschlußfall müssen im übrigen Schutzeinrichtungen den Transformator vom Netz trennen, da die Dauerkurzschlußströme thermisch in kurzer Zeit zur Zerstörung der Wicklungen führen würden.

3. Schaltvorgänge bei Gleichstrommaschinen

In diesem Abschnitt sollen zunächst elektromagnetische Ausgleichsvorgänge bei konstanter Drehzahl und anschließend simultan ablaufende elektromagnetische und mechanische Ausgleichsvorgänge behandelt werden. Wegen der zeitlichen Stromänderungen müssen hierzu die Induktivitäten der einzelnen Wicklungen einer Gleichstrommaschine und ihre magnetische Kopplung bekannt sein. Diese Größen sind im stationären Betrieb von Gleichstrommotoren ohne Bedeutung und werden darum in Lehrbüchern meist nicht behandelt. Darum ist den eigentlichen Ausgleichsvorgängen der Abschnitt 3.1 zur Berechnung der Induktivitäten vorangestellt.

3.1 Rotationsreaktanz, Längs- und Querinduktivität

Für die näherungsweise Berechnung der Kenngrößen wird nur das Luftspaltfeld im Bereich der Hauptpole betrachtet (Bild 15).

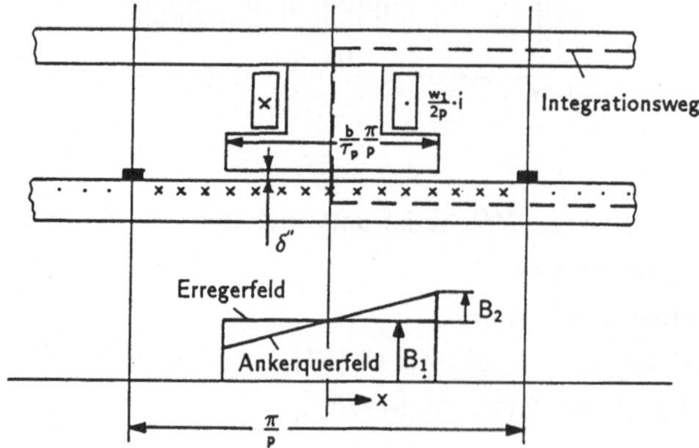

Bild 15: Schematisierter abgewickelter Querschnitt einer unkompensierten Gleichstrommaschine

Feldverlauf unter einem Hauptpol

Unter der Annahme einer idealen Kommutierung magnetisiert die Erregerwicklung ausschließlich in der d-Achse, die Ankerwicklung nur in der q-Achse. Faßt man die Maschine als magnetisch linear auf, so sind Erreger- und Ankerkreis entkoppelt, d.h. die Gegeninduktivität ist Null, und die von den einzelnen Wicklungen erregten Felder dürfen linear überlagert werden.

Wenn man in dem als bekannt unterstellten Ausdruck für die im Anker induzierte Spannung

$$U_i = \frac{z}{a} \cdot p \cdot n \cdot \phi = \frac{z}{a} \cdot p \cdot n \cdot b \cdot l \cdot B_1 = \frac{z}{a} \cdot p \cdot n \cdot b \cdot l \cdot \frac{w_1}{2p} \cdot \frac{\mu_0}{\delta''} \cdot i \stackrel{!}{=} R_d \cdot i \quad (67)$$

den Fluß je Pol durch das Produkt aus der Polfläche $b \cdot l$ und der konstanten Luftspaltinduktion B_1 ausdrückt, und die Luftspaltinduktion mit Hilfe des Durchflutungssatzes formuliert, so ergibt sich für die durch Drehung im Erregerfeld induzierte Spannung ein Proportionalitätsfaktor zum Erregerstrom i, den man in formaler Analogie zu den Vorgängen bei der Selbstinduktion im Schrifttum als Rotationsreaktanz bezeichnet.

$$\boxed{R_d = \frac{1}{2} \cdot \mu_0 \cdot \frac{b \cdot l}{\delta''} \cdot \frac{z}{a} \cdot w_1 \cdot n = 2 \cdot \mu_0 \cdot f \cdot \frac{b \cdot l}{p \cdot \delta''} \cdot w_1 \cdot w_2} \quad (68)$$

Bei der letzten Schreibweise von Gl.(68) ist die Ankerwindungszahl $w_2 = \frac{z}{4a}$ eingeführt worden.

Die Erregerinduktivität ergibt sich unmittelbar aus der Flußverkettung in der Längsachse und läßt sich ziemlich genau bestimmen, wenn die Durchrechnung des magnetischen Kreises und somit der fiktive Luftspalt δ'' bekannt sind.

$$\psi = 2 \cdot p \cdot \frac{w_1}{2p} \cdot \phi = w_1 \cdot b \cdot l \cdot B_1 = w_1 \cdot b \cdot l \cdot \frac{w_1}{2p} \cdot \frac{\mu_0}{\delta''} \cdot i \stackrel{!}{=} L_e \cdot i$$

$$\boxed{L_e = \frac{1}{2} \cdot \mu_0 \cdot \frac{b \cdot l}{p \cdot \delta''} \cdot w_1^2} \quad (69)$$

Die Ermittlung der Ankerquerinduktivität geschieht mit Hilfe der magnetischen Energie des Querfeldes. Der Ankerstrombelag ist jeweils zwischen zwei Bürsten über die gesamte Polteilung konstant.

$$a(x) = A = \frac{z \cdot \frac{I}{2a}}{2\pi R} = \frac{z \cdot \frac{I}{2a}}{2 \cdot p \cdot \tau_p} \qquad \text{für} \ -\frac{\pi}{2p} \leq x \leq \frac{\pi}{2p} \qquad (70)$$

Im Bereich des Polbogens mit konstantem Luftspalt steigt das Ankerquerfeld nach dem Durchflutungssatz linear an

$$b_2(x) = \frac{\mu_0}{\delta''} \cdot \int a(x) R dx = B_2 \cdot \frac{x}{\frac{b}{\tau_p} \cdot \frac{\pi}{2p}} \qquad \text{für} \ -\frac{b}{\tau_p} \cdot \frac{\pi}{2p} \leq x \leq \frac{b}{\tau_p} \cdot \frac{\pi}{2p} \qquad (71)$$

und erreicht an der Polschuhkante den Wert

$$x = \frac{b}{\tau_p} \cdot \frac{\pi}{2p} \quad : \quad B_2 = \frac{\mu_0}{\delta''} \cdot A \cdot R \cdot \frac{b}{\tau_p} \cdot \frac{\pi}{2p} = \mu_0 \cdot \frac{b \cdot A}{2\delta''} \quad . \qquad (72)$$

Aus dem Verlauf des Luftspaltfeldes leitet sich unmittelbar die magnetische Feldenergie und die dieser zugeordnete Induktivität L_q ab.

$$w_m = \int\limits_{x=0}^{x=\frac{b}{\tau_p} \cdot \frac{\pi}{2p}} \frac{1}{2} \cdot \frac{1}{\mu_0} \cdot b_2^2(x) \cdot 2 \cdot p \cdot 2 \cdot l \cdot \delta'' R dx \stackrel{!}{=} \frac{1}{2} \cdot L_q \cdot I^2 \qquad (73)$$

Die Querinduktivität L_q

$$\boxed{ \; L_q = \mu_0 \cdot \frac{b \cdot l}{2p\delta''} \cdot w_2^2 \cdot \frac{1}{3} \cdot \left(\frac{b}{\tau_p}\right)^2 \; } \qquad (74)$$

wird häufig als Bezugsbasis für die Gesamtinduktivität L_a des Ankerkreises genommen, d.h. die analytisch nur aufwendig rechenbaren Beiträge aus dem Wendefeld, dem Stirnstreufeld und den Nutquerfeldern werden durch Zuschläge erfaßt, welche erfahrungsgemäß im Bereich 40 – 80 % des Bezugswertes liegen. Bei unkompensierten Maschinen gilt somit $L_a = (1,4 \ldots 1,8) L_q$.

Formal gilt folglich für kompensierte Maschinen $L_a = (0,4 \ldots 0,8) L_q$. Allerdings ist L_q bei Maschinen mit Kompensationswicklung als Bezugsgröße ungeeignet, weil dann gar kein Ankerquerfeld im Bereich der Hauptpole existiert.

3.2 Kurzschluß eines Nebenschlußgenerators

Zum allgemeinen Verständnis wird kurz das stationäre Betriebsverhalten vorangestellt. Stabile Selbsterregung tritt bei Belastung auf einen ohmschen Widerstand R (Bild 16) nur auf, wenn eine von Null verschiedene Remanenzinduktion vorhanden und die Leerlaufkennlinie gekrümmt ist, d.h. bei sich ändernder Rotationsreaktanz R_d.

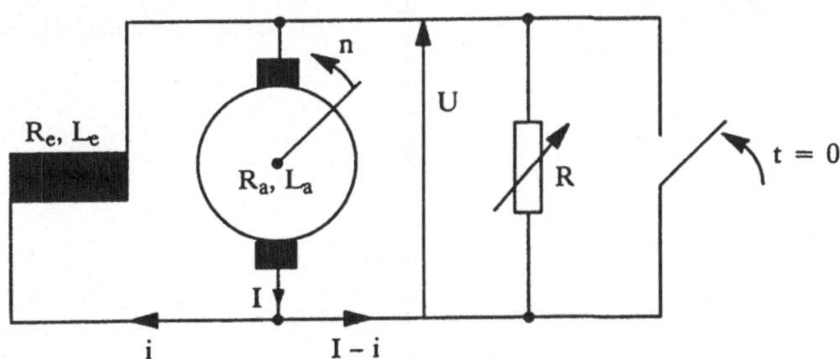

Bild 16: Prinzipschaltbild eines Gleichstrom-Nebenschlußgenerators

Aus den einfachen Zusammenhängen

$$U = R_e \cdot i \tag{75}$$

$$U = k_1 \cdot \phi(i) \cdot n - R_a \cdot I = R_d(i,n) \cdot i - R_a \cdot I \tag{76}$$

$$U = R \cdot (I - i) \approx R \cdot I \tag{77}$$

kann bei vorgegebener Leerlaufkennlinie direkt die Belastungskennlinie $U(I)$ konstruiert werden.

Der Dauerkurzschlußstrom I_{kd} ist bei einer Maschine ohne Remanenz Null, stets jedoch von harmloser Größe. Es soll untersucht werden, ob beim plötzlichen Kurzschluß unzulässig große Ausgleichsströme auftreten. Der Kurzschluß soll aus dem vorangegangenen Leerlauf ($R = \infty$) eingeleitet werden, d.h. mit den Anfangswerten $i = i_0$, $I = i_0$. Während des Ausgleichsvorganges wird die Rotationsreaktanz als konstant unterstellt, d.h. Änderungen des Sättigungszustandes und der Drehzahl werden vernachlässigt. Die beschreibenden Differentialgleichungen lauten mit den Bezeichnungen von Bild 16:

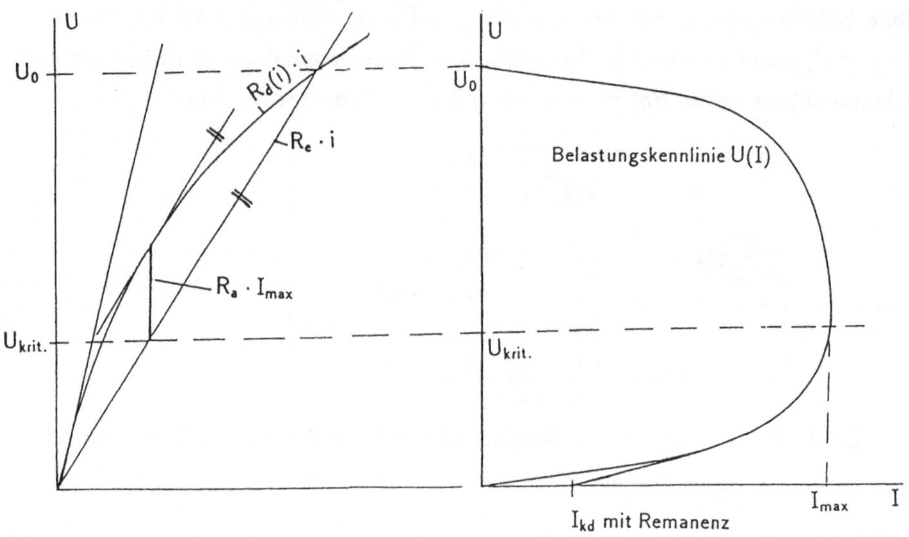

Bild 17: Leerlauf- und Belastungskennlinie eines Gleichstrom-Nebenschlußgenerators

$$\underline{t < 0}: \quad i = i_0 \quad , \quad I = i_0 \quad , \quad U_i = R_d \cdot i_0$$

$$\underline{t > 0}: \quad R_a \cdot I + L_a \frac{dI}{dt} = R_d \cdot i \tag{78}$$

$$R_e \cdot i + L_e \frac{di}{dt} = 0 \tag{79}$$

und führen auf den Ankerstrom im Unterbereich

$$\mathcal{L}(I) \cdot R_a(1 + pT_a) - L_a i_0 = R_d \cdot i_0 \frac{T_e}{1 + pT_e} \tag{80}$$

$$\mathcal{L}(I) = \frac{R_d}{R_a} \cdot i_0 \cdot \frac{T_e}{(1 + pT_a)(1 + pT_e)} + \frac{T_a}{1 + pT_a} \cdot i_0$$

und zu dem Zeitverlauf

$$I(t) = \frac{R_d}{R_a} \cdot i_0 \cdot \frac{T_e}{T_e - T_a} \cdot \left(e^{\frac{-t}{T_e}} - e^{\frac{-t}{T_a}} \right) + i_0 \cdot e^{\frac{-t}{T_a}} \quad . \tag{81}$$

Der Kurzschlußstrom im Ankerkreis setzt sich im wesentlichen aus zwei Komponenten zusammen, die unmittelbar nach dem Schalten ($t = +\Delta t$) entgegengesetzt gleich sind und nach e-Funktionen mit den Zeitkonstanten T_e des Erregerkreises bzw. T_a des Ankerkreises auf Null abklingen. Der dritte Term in Gl.(81) mit dem größten Wert i_0 im Schaltaugenblick ist vernachlässigbar klein. Da bei Gleichstrom-Nebenschluß-maschinen stets $T_e > T_a$ gilt, ist der Kurzschlußstrom kurz nach dem Schließen des Schalters stoßartig überhöht und wird in grober Näherung für $T_a \rightarrow 0$ nur durch den kleinen ohmschen Widerstand des Ankerkreises begrenzt.

$$I(t) \approx \frac{R_d}{R_a} \cdot i_0 \cdot e^{\frac{-t}{T_e}} \tag{82}$$

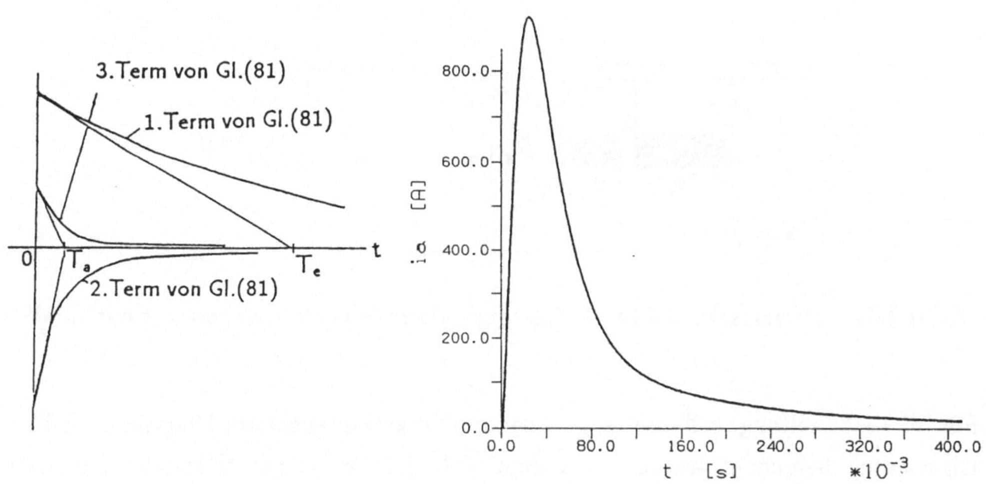

Bild 18: Zeitverlauf des Ankerstromes beim Kurzschluß eines Gleichstrom-Nebenschlußgenerators
Beispielmaschine: 20 kW, 440 V , 45,5 A , 3600 min^{-1} ,
Erregerstrom 1,5 A

Der im Dauerbetrieb harmlose Klemmenkurzschluß eines Nebenschlußgenerators stellt wegen der transienten Vorgänge eine für die Maschine gefährliche Störung dar.

Die unterstellte Konstanz der Drehzahl ist wegen der mit dem stoßartigen Stromanstieg verbundenen Drehmomente in der Praxis unrealistisch. Bei der Berechnung der Plottkurve in Bild 18 wurden die Bewegungsdifferentialgleichung und die Krümmung der Leerlaufkennlinie des Generators in den Rechnungsgang einbezogen [3]. Trotz des in Bild 18 nicht dargestellten Drehzahleinbruchs um ca. 25 % erreicht der Stoßstrom etwa 20fachen Nennstrom.

3.3 Leerlauf-Kurzschluß-Leerlauf-Diagramm eines fremderregten Generators mit Gegen-Reihenschluß-Wicklung

Die Berechnung von Ausgleichsvorgängen bei Gleichstrommaschinen wird komplizierter, wenn durch bestimmte Schaltung der Wicklungen Erreger- und Ankerkreis magnetisch gekoppelt sind. Als Beispiel hierfür wird der fremderregte Generator mit Gegen-Reihenschluß-Wicklung (GRW) vorgestellt (Bild 19).

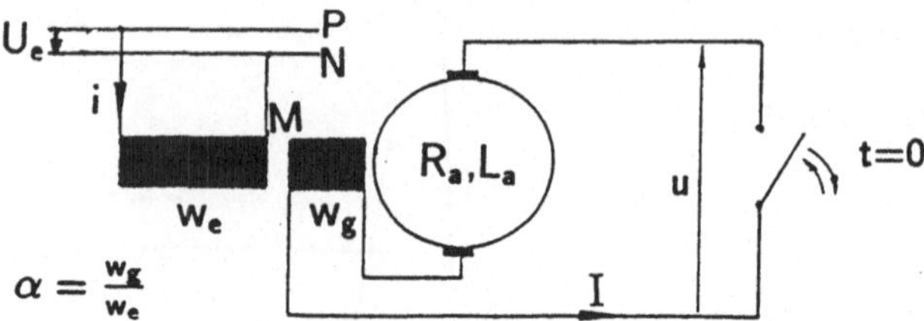

Bild 19:   Prinzipschaltbild eines fremderregten Gleichstromgenerators mit GRW

Für diese Schaltung soll das sog. Leerlauf-Kurzschluß-Leerlauf-Diagramm (LKL-Diagramm) berechnet werden, aus dem sich z.B. bei einer Schweißstromquelle Aussagen über die Güte in dynamischer Hinsicht ableiten lassen. Insbesondere bei der Verwendung von nicht umhüllten Elektroden "flackert" nämlich wegen des periodischen Tropfenüberganges der Betriebspunkt zwischen Leerlauf und Kurzschluß.

Ein Generator mit GRW würde sich statisch als Schweißgenerator eignen, weil er im Gegensatz zu einer Maschine ohne Hilfsreihenschlußwicklung einen stabilen Schnittpunkt mit der Lichtbogenkennlinie ergibt.

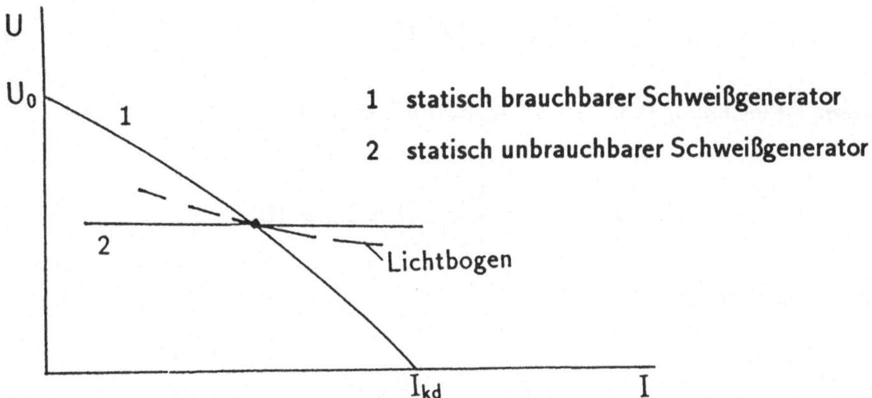

Bild 20: Zur statischen Stabilität von fremderregten Gleichstromgeneratoren als Schweißstromquelle

Von einer dynamisch einwandfreien Schweißstromquelle wird gefordert, daß insbesondere nach dem Aufreißen des Kurzschlusses die zum Wiederzünden des Lichtbogens erforderliche Leerlaufspannung möglichst schlagartig zur Verfügung steht. Andererseits soll der Strom nach dem Kurzschließen keine stoßartigen Überhöhungen, durch welche Inhomogenitäten der Schweißnaht entstehen könnten, besitzen.

Die Berechnung des LKL-Diagramms wird mit folgenden Vereinfachungen durchgeführt:

1. Die Streuung zwischen Erregerwicklung und GRW wird vernachlässigt.

2. Die Ankerquerinduktivität wird vernachlässigt.

Es wird folglich *streuungslose Verkettung von Erreger- und Ankerkreis* unterstellt.

Aus diesen Randbedingungen folgt

$$\sigma = 1 - \frac{M^2}{L_e L_a} = 0 \quad . \tag{83}$$

Für die Gegeninduktivität zwischen Erreger- und Ankerkreis gilt somit

$$M = \alpha \cdot L_e \tag{84}$$

und für die Induktivität des Ankerkreises

$$L_a = \alpha^2 \cdot L_e \quad . \tag{85}$$

Mit diesen Bezeichnungen gilt im *stationären Leerlauf*

$$I = 0 \, , \, i = i_0 = \frac{U_e}{R_e} \, , \, U = U_0 = R_d \cdot i_0 \tag{86}$$

und im *stationären Kurzschluß*

$$i = i_0 \quad , \qquad U = 0 \quad ,$$

$$R_d \cdot (i_0 - \alpha \cdot I_{kd}) = R_a \cdot I_{kd} \quad : \quad I_{kd} = \frac{U_0}{R_a + \alpha \cdot R_d} \quad . \tag{87}$$

3.3.1 Schaltvorgang Leerlauf $\longrightarrow$ Kurzschluß

Die Spannungsgleichungen für den Erreger- und den Ankerkreis bei Kurzschluß

$$U_e = R_e \cdot i + L_e \cdot \frac{di}{dt} - M \cdot \frac{dI}{dt} \tag{88}$$

$$0 = R_d \cdot (i - \alpha \cdot I) - R_a \cdot I - L_a \cdot \frac{dI}{dt} + M \cdot \frac{di}{dt} \tag{89}$$

lauten mit den genannten Anfangsbedingungen im Unterbereich

$$\frac{U_e}{p} = \mathcal{L}(i) \cdot (R_e + p \cdot L_e) - L_e \cdot i_0 - p \cdot \alpha \cdot L_e \cdot \mathcal{L}(I) \tag{90}$$

$$0 = \mathcal{L}(I) \cdot (R_a + \alpha R_d + p\alpha^2 L_e) - \mathcal{L}(i) \cdot (R_d + p\alpha L_e) + \alpha \cdot L_e \cdot i_0 \quad . \tag{91}$$

Führt man als Abkürzung den Verkleinerungsfaktor

$$\beta = \frac{R_a}{R_a + \alpha R_d} \tag{92}$$

und die kombinierte Zeitkonstante

$$T = \beta \cdot (T_e + T_a) \tag{93}$$

ein, so folgt aus den Gln.(90) und (91) für den Ankerstrom

$$I(t) = \mathcal{L}^{-1}\left\{I_{kd}\frac{1 + pT_e}{p\,(1 + pT)}\right\} = I_{kd}\left\{1 + \left(\frac{T_e}{T} - 1\right)e^{\frac{-t}{T}}\right\} \quad . \tag{94}$$

Der Kurzschlußstrom I springt im Schaltaugenblick auf den Stoßwert

$$I_{k_{Stoß}} = \frac{T_e}{T} \cdot I_{kd} = i_0 \cdot \frac{R_d}{R_a + \alpha^2 \cdot R_e} \quad . \tag{95}$$

Analog errechnet sich der Erregerstrom

$$i(t) = i_0\left(1 + \frac{\alpha \cdot R_d}{R_a + \alpha^2 \cdot R_e}e^{\frac{-t}{T}}\right) \tag{96}$$

mit dem Stoßwert

$$i_{Stoß} = i_0 \cdot \frac{R_a + \alpha^2 \cdot R_e + \alpha \cdot R_d}{R_a + \alpha^2 \cdot R_e} \quad . \tag{97}$$

Ankerstrom und Erregerstrom ändern sich nach dem Kurzschließen sprunghaft. Dies ist aufgrund der streuungslosen Verkettung zwischen Erreger- und Ankerkreis möglich, doch darf der Fluß in der Längsachse nicht unstetig verlaufen. Die Kontrolle für den Magnetisierungsstrom im Schaltaugenblick

$$i_\mu(+\Delta t) = i_{Stoß} - \alpha \cdot I_{k_{Stoß}} = i_0 \tag{98}$$

bestätigt die Richtigkeit dieser Überlegung. In Dauerkurzschluß ist hingegen

$$i_{\mu d} = i_0 - \alpha \cdot I_{kd} = \beta \cdot i_0 \quad . \tag{99}$$

Die berechneten Zeitverläufe sind in Bild 21 grafisch dargestellt.

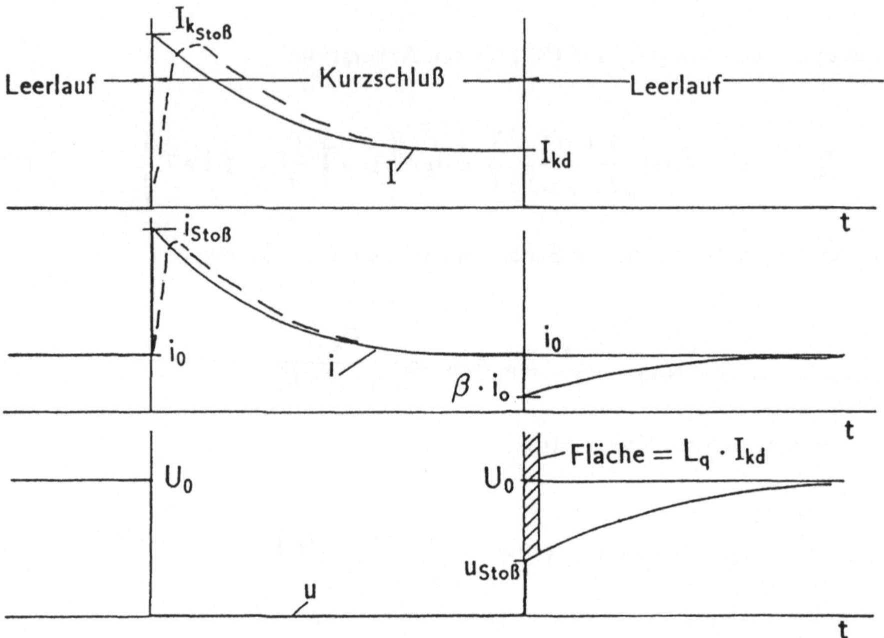

Bild 21: LKL-Diagramm eines fremderregten Gleichstromgenerators mit GRW

ausgezogene Kurven: $L_q = 0$ gestrichelte Kurven: $L_q \neq 0$

3.3.2 Schaltvorgang Kurzschluß → Leerlauf

Mit den bereits in Abschnitt 3.3.1 ermittelten Anfangswerten lassen sich die Spannungsgleichungen des Leerlaufes für den Erreger- und den Ankerkreis direkt im Unterbereich anschreiben.

$$\mathcal{L}(i) \cdot (R_e + p \cdot L_e) - L_e \cdot (i_0 - \alpha \cdot I_{kd}) = \frac{U_e}{p} \qquad (100)$$

$$\mathcal{L}(u) = \mathcal{L}(i) \cdot (R_d + p\alpha L_e) - \alpha \cdot L_e \cdot i_0 + \alpha^2 L_e \cdot I_{kd} \qquad (101)$$

Die Trennung der Variablen und die Rücktransformation führen auf die Zeitverläufe des Erregerstromes

$$i(t) = i_0 \left\{ 1 - (1 - \beta) \cdot e^{\frac{-t}{T_e}} \right\} \tag{102}$$

und der wiederkehrenden Ankerspannung

$$u(t) = U_0 \cdot \left(1 - \frac{\alpha \cdot R_d - \alpha^2 \cdot R_e}{R_a + \alpha \cdot R_d} \cdot e^{\frac{-t}{T_e}} \right) \approx U_0 \left\{ 1 + (\beta - 1) \cdot e^{\frac{-t}{T_e}} \right\} \quad . \tag{103}$$

Auch beim Aufreißen des Kurzschlusses verläuft der Magnetisierungsstrom, der nach dem Öffnen des Schalters identisch ist mit dem Erregerstrom, stetig.

$$t = +\Delta t : \qquad i(+\Delta t) = \beta \cdot i_0 \equiv i_{\mu d} \tag{104}$$

Die Ankerspannung springt im Schaltaugenblick auf den Wert

$$u_{Sto\beta} = U_0 \cdot \frac{R_a + \alpha^2 \cdot R_e}{R_a + \alpha \cdot R_d} \approx \beta \cdot U_0 \quad . \tag{105}$$

Der Stoßwert ist etwa mit dem Verkleinerungsfaktor β kleiner als die stationäre Leerlaufspannung, auf welche die Ankerspannung mit der Erregerzeitkonstanten ansteigt.

Der fremderregte Generator mit GRW ist nur sehr bedingt zum Schweißen geeignet. Ungünstig sind der schlagartige Anstieg des Stromes nach dem Kurzschließen auf einen sehr hohen Wert und die langsame Wiederkehr der Schweißbereitschaft nach dem Aufreißen des Kurzschlusses wegen des zu kleinen Wertes $u_{Sto\beta}$.

In die Skizzen der Zeitverläufe nach Bild 21 ist gestrichelt auch eingetragen worden, welche Veränderungen sich bei Berücksichtigung der Induktivitäten in der Querachse einstellen würden [4]. Nach dem Kurzschließen sind sprunghafte Energieänderungen nicht mehr möglich, vielmehr erfolgt der Stromanstieg mit der kleinen Streufeldzeitkonstanten der Wicklungen in der q-Achse. Nach dem Aufreißen des Kurzschlusses entsteht in der Ankerspannung eine Induktivitätszacke mit dem Flächeninhalt $L_q \cdot I_{kd}$, da bei idealem Schalter die magnetische Energie des Querfeldes schlagartig verschwindet.

Für den Schweißbetrieb sind speziell ausgelegte und konstruierte Gleichstromma-schinen als sogenannte Streupol- oder Querfeldmaschinen entwickelt worden. Die rotierenden Schweißumformer haben jedoch durch die Entwicklung der halbautomatischen Schutzgas-Schweißgeräte stark an Bedeutung verloren, sind aber wegen der besonderen Güte der Schweißung für bestimmte Anwendungsfälle unersetzlich.

3.4 Schwungmassenanlauf eines fremderregten Motors

Bei der Untersuchung des Anlaufes eines fremderregten Motors aus dem vorangegangenen Stillstand soll das Gegenmoment der Arbeitsmaschine zu Null angenommen werden. Bei endlichem Gegenmoment treten im übrigen keine nennenswerten zusätzlichen Erscheinungen auf. Eine geschlossene analytische Rechnung ist in der Praxis auch meist nicht möglich, weil die Gegenmoment-Kennlinien durchweg als Kurven vorgegeben werden, deren analytische Approximation auf geschlossen nicht lösbare Gleichungssysteme führt.

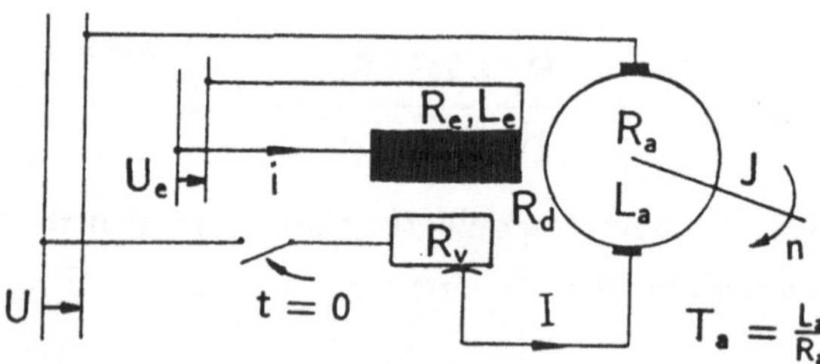

Bild 22: Prinzipschaltung eines fremderregten Gleichstrommotors beim Anlassen

Die Ankerwicklung wird über den Anlaßwiderstand R_v an die Gleichspannung U geschaltet. Der Erregerstrom soll zu diesem Zeitpunkt den eingeschwungenen Wert $i = \frac{U_e}{R_e} = i_0$ besitzen. Da die Drehzahl zeitvariant ist, muß zur Beschreibung der Vorgänge neben der Spannungsgleichung des Ankerkreises die Bewegungs-Differentialgleichung herangezogen werden. Der Anlaßwiderstand R_v und der Ankerwicklungswiderstand R_a sollen zum Widerstand R_A zusammengefaßt werden.

$$U = k_1 \phi n + R_A \cdot I + L_a \cdot \frac{dI}{dt} \qquad (106)$$

$$m = \frac{k_1}{2\pi} \phi \cdot I = J \cdot \frac{d}{dt}(2\pi n) \qquad (107)$$

Substituiert man in Gl.(106) die Drehzahl durch den Ankerstrom aus Gl. (107), so erhält man formal die Spannungsgleichung eines verlustbehafteten Reihenschwingkreises.

$$U = R_A \cdot I + L_a \cdot \frac{dI}{dt} + \frac{1}{J \cdot \left(\frac{2\pi}{k_1 \cdot \phi}\right)^2} \cdot \int Idt \qquad (108)$$

Im elektrischen Ersatzschaltbild erscheint stellvertretend für den mechanischen Energiespeicher der rotierenden Massen die sogenannte *dynamische Kapazität*.

$$C_{dyn} = \left(\frac{2\pi}{k_1 \phi}\right)^2 \cdot J \qquad (109)$$

Sie liegt bei den meisten Gleichstrommaschinen in der Größenordnung Farad, wäre also durch statische Kondensatoren nur mit großem Aufwand realisierbar.

Man hat übrigens in bestimmten Schaltanordnungen elektrisch verbundener Gleichstrommaschinen schon kurz nach der Jahrhundertwende die Eigenschaft der Gleichstrommaschine erkannt, sich wie ein Kondensator zu verhalten. Hieraus resultierten später technische Anwendungen, deren bekannteste der nach Gisbert Kapp benannte Kapp'sche Vibrator darstellte. Drei identische, in einem gemeinsamen Gestell angeordnete fremderregte Gleichstrommaschinen wurden mit den Ankerkreisen in Sternschaltung an die Läuferwicklung eines Schleifringläufers geschaltet. Sie wirkten wie eine an die Schleifringe gelegte Kondensatorbatterie und dienten der Phasenkompensation. Die Anordnung war sinnvoll, weil man wegen der schlupffrequenten Ströme im Läuferkreis zur Phasenkompensation von der Sekundärseite her große Kapazitäten benötigt. Nach der Entwicklung der MP-Kondensatoren besitzt die fremderregte GM als Kondensator keine praktische Bedeutung mehr. Die Kenntnis ihrer Drillschwingungsfähigkeit ist aber von großer Bedeutung für die Behandlung von Ausgleichsvorgängen und die dabei auftretenden Phänomene.

Aus den Gln.(106) und (107) ergibt sich die Drehzahl in Unterbereich zu

$$\mathcal{L}(n) = \frac{U}{k_1 \phi} \cdot \frac{1}{L_a \cdot C_{dyn}} \cdot \frac{1}{p \left(p^2 + \frac{R_A}{L_a} \cdot p + \frac{1}{L_a \cdot C_{dyn}}\right)} \qquad (110)$$

Im *Grenzfall* $L_a = 0$ wird

$$n(t) = \mathcal{L}^{-1}\frac{U}{k_1\phi} \cdot \frac{1}{p\left(1 + pR_A C_{dyn}\right)} = \frac{U}{k_1\phi} \cdot \left(1 - e^{\frac{-t}{T_m}}\right) \qquad (111)$$

mit der *mechanischen Zeitkonstanten*

$$T_m = R_A \cdot C_{dyn} \qquad . \qquad (112)$$

Bei vernachlässigbarer Ankerinduktivität steigt die Drehzahl exponentiell auf die Leerlaufdrehzahl $\frac{U}{k_1\phi}$ an. Für hochdynamische Antriebe, z.B. in der Robotik, muß die mechanische Zeitkonstante so klein wie möglich sein. Aus Gl.(112) liest man die praktischen Möglichkeiten hierzu ab: Eine kleine dynamische Kapazität wird durch einen schlanken Läufer erreicht, und dies führt auf eine kleine Zeitkonstante.

Im allgemeinen Fall nach Gl.(110) hängen die Zeitverläufe von den Wurzeln der charakteristischen Gleichung des Nenners ab.

$$\mathcal{L}(n) = \frac{U}{k_1\phi} \cdot \frac{1}{T_a \cdot T_m} \cdot \frac{1}{p\left(p^2 + p\frac{1}{T_a} + \frac{1}{T_a \cdot T_m}\right)}$$

$$= \frac{U}{k_1\phi} \cdot \frac{1}{T_a \cdot T_m} \cdot \frac{1}{p\left(p - p_1\right)\left(p - p_2\right)} \qquad (113)$$

$$p_{1;2} = \frac{1}{2T_a}\left(-1 \pm \sqrt{1 - 4 \cdot \frac{T_a}{T_m}}\right) \qquad (114)$$

Das Verhältnis *von elektromagnetischer und mechanischer Zeitkonstante* $\frac{T_m}{T_a}$ *bestimmt den Zeitverlauf* $\left(T_a = \frac{L_A}{R_A}\right)$.

Für $\underline{T_m > 4T_a}$ ändern sich Drehzahl und Ankerstrom *aperiodisch*.

$$n(t) = \frac{U}{k_1\phi} \cdot \left\{1 + \frac{T_a}{\sqrt{1 - 4\frac{T_a}{T_m}}} \cdot \left(p_2 e^{p_1 t} - p_1 e^{p_2 t}\right)\right\} \qquad (115)$$

$$I(t) = \frac{U}{R_A} \cdot \frac{e^{p_1 t} - e^{p_2 t}}{\sqrt{1 - 4\frac{T_a}{T_m}}} \qquad (116)$$

Für $\underline{T_m < 4T_a}$ entstehen *gedämpfte Schwingungen*

mit der Kreisfrequenz $\omega^2 = \frac{1}{T_a \cdot T_m} - \left(\frac{1}{2T_a}\right)^2$ $\qquad$ (117)

und der Abklingzeitkonstanten $\qquad \delta = \frac{1}{2T_a}$. $\qquad$ (118)

Die Drehzahl n(t) und der Ankerstrom I(t) schwingen gedämpft auf ihre stationären Werte ein.

$$n(t) = \frac{U}{k_1 \phi} \cdot \left\{ 1 - \left(cos\omega t + \frac{\delta}{\omega} sin\omega t \right) e^{-\delta t} \right\} \qquad (119)$$

$$I(t) = \frac{U}{\omega L_a} \cdot e^{-\delta t} \cdot sin\omega t \qquad (120)$$

In Bild 23 sind die für einen Beispielmotor gerechneten und gemessenen Zeitverläufe wiedergegeben.

Die Untersuchungen wurden an reduzierter Spannung durchgeführt [5]. Der schnelle Anlauf nach der gedämpften Schwingung stellt sich bei direktem Einschalten ohne Vorwiderstand ein, während das normale Anfahren mit dem Anlaßwiderstand R_v stets auf den aperiodischen Fall führt. Der verwendete Motor zeigt aufgrund massiven Eisens im Ständer ein stärkeres Dämpfungsverhalten, als es die ohne Berücksichtigung von Wirbelströmen durchgeführte Rechnung ausweist.

Es sei erwähnt, daß praktisch alle elektrischen Maschinen aufgrund ihrer elektromagnetischen Eigenschaften wie Drehfedern wirken. Die hieraus resultierenden Pendelungen von Synchronmaschinen in Antrieben mit zeitlich schwankendem Drehmoment (z.B. Dieselmotoren, Kolbenverdichter) sind schon vor Jahrzehnten erforscht worden. Bei Induktionsmaschinen wurden die Zusammenhänge in den 60iger Jahren insbesondere durch H. Jordan abgeklärt. Es hat sich gezeigt, daß eine Drehfeldmaschine im mechanischen Analogon sogar als Drehfeder mit negativer Dämpfung in bestimmten Drehzahlbereichen erscheinen kann. Negative elektromagnetische Dämpfungen können zu Selbsterregung oder Instabilität führen und bedürfen darum einer sorgfältigen Untersuchung.

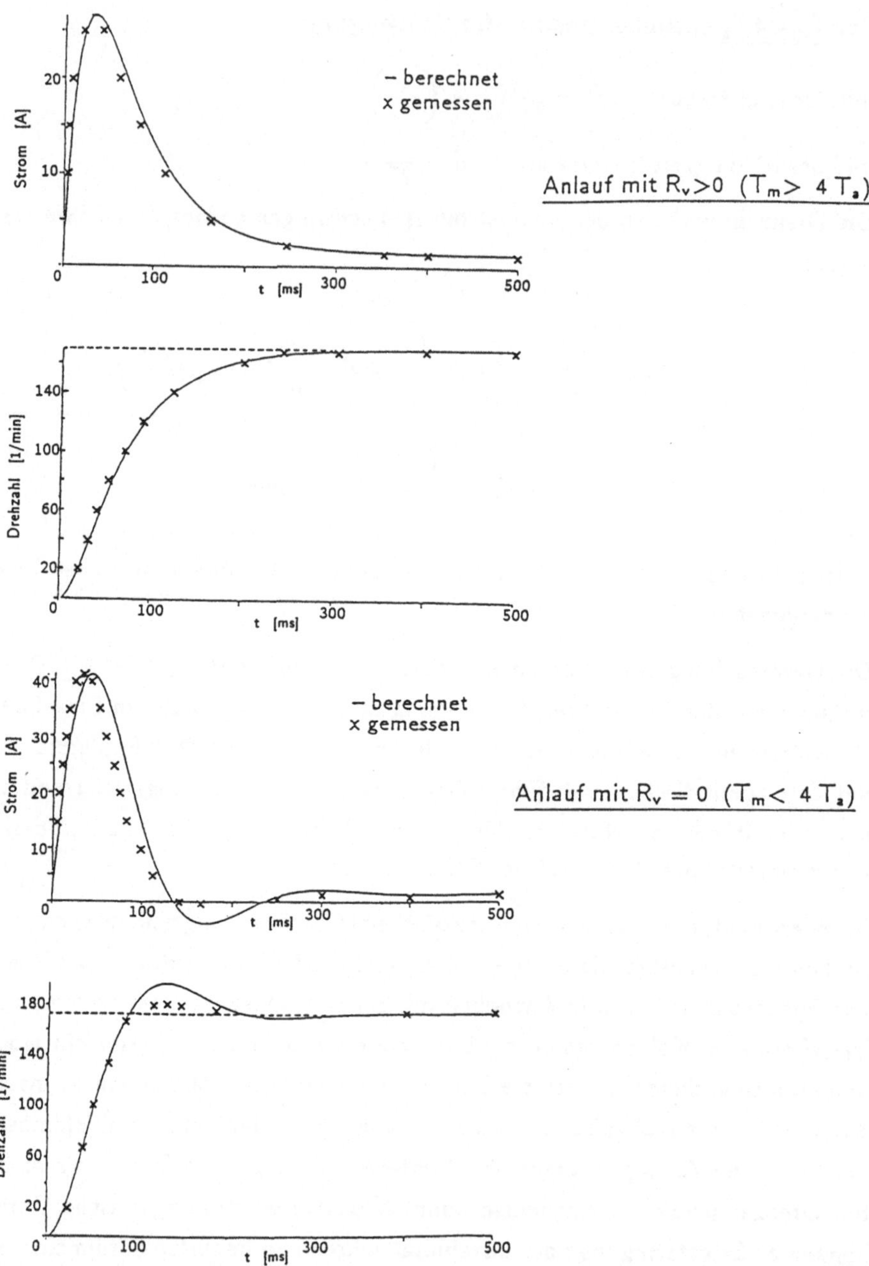

Bild 23: Zeitverlauf von Ankerstrom und Drehzahl beim Schwungmassenanlauf eines fremderregten Gleichstrommotors an reduzierter Spannung

$U_{red} = 40\,V$ Motor: 8 kW, 220 V, 36 A, 1440 min^{-1}

4. Behandlung von Ausgleichsvorgängen bei Drehfeldmaschinen mit Hilfe der Symmetrischen Komponenten

4.1. Allgemeines zum Verfahren

Ein m-strängiges Wicklungssystem kann bei beliebigem Zeitverlauf der Spannungen und Ströme durch m Differentialgleichungen analytisch beschrieben werden. Zur Verringerung des Aufwandes wurden für Drehfeldmaschinen Verfahren entwickelt, die bei symmetrischen Wicklungsanordnungen die Rückführung auf einsträngige Ersatzschaltbilder erlauben. Die bekanntesten Methoden sind die Symmetrischen Komponenten (SK) [6], die Raumzeiger [7] und die d/q-Komponenten der Zweiachsentheorie [8] (auch Park-Transformation genannt). Alle drei Berechnungsverfahren fußen auf den gleichen Randbedingungen; die Gleichungen lassen sich ineinander überführen und liefern identische Ergebnisse. Die bevorzugte Methode kann insoweit beliebig ausgewählt werden. In diesem Buch werden zunächst die SK zur Berechnung von Ausgleichsvorgängen in Drehfeldmaschinen herangezogen. Die Park-Transformation und einige Anmerkungen zum zweckmäßigen Einsatz der verschiedenen Verfahren werden in Zusammenhang mit Schenkelpolsynchronmaschinen in Abschnitt 6 erläutert.

Die Methode der SK ist durch W.V. Lyon zur Berechnung von transienten Vorgängen in Drehfeldmaschinen aufbereitet worden. Fortescue hat die SK im Jahre 1918 in die Wechselstromlehre der Elektrotechnik eingeführt. In der Mathematik sind die SK unter dem Begriff "Trigonometrische Interpolationspolynome" seit Mitte des 18. Jahrhunderts bekannt und mit den Namen Lagrange, Cauchy, Bessel und Euler verknüpft. V. Klima kommt das Verdienst zu, die SK auf die Behandlung des Oberwellenverhaltens elektrischer Maschinen in geschlossener Form zugeschnitten zu haben [9,10]. In der Elektrotechnik verbindet man mit dem Begriff SK meist den Sonderfall eines dreisträngigen Systems mit eingeschwungenen sinusförmigen Spannungen und Strömen, die als Zeitzeiger darstellbar sind.

Die Symmetrischen Komponenten für Augenblickswerte sollen am Beispiel einer symmetrischen dreisträngigen Wicklung (Strangbezeichnungen a, b, c) vorgestellt werden. Durch kleine Buchstaben sollen Augenblickswerte gekennzeichnet werden. Unterstrichene Großbuchstaben bedeuten komplexe Rechengrößen, keine Zeitzeiger. Die Definitionsgleichungen der SK für Augenblickswerte lauten:

$$i_a = \frac{1}{3}(i_a + i_b + i_c) + \frac{1}{3}(\ i_a + \underline{a}i_b + \underline{a}^2 i_c) + \frac{1}{3}(\ i_a + \underline{a}^2 i_b + \underline{a}i_c)$$

$$= i_0 + \underline{I}' + \underline{I}'' \tag{121}$$

$$i_b = \frac{1}{3}(i_a + i_b + i_c) + \frac{1}{3}(\underline{a}^2 i_a + \ i_b + \underline{a}i_c) + \frac{1}{3}(\ \underline{a}i_a + \ i_b + \underline{a}^2 i_c)$$

$$= i_0 + \underline{a}^2 \underline{I}' + \underline{a}\,\underline{I}'' \tag{122}$$

$$i_c = \frac{1}{3}(i_a + i_b + i_c) + \frac{1}{3}(\ \underline{a}i_a + \underline{a}^2 i_b + \ i_c) + \frac{1}{3}(\underline{a}^2 i_a + \underline{a}i_b + \ i_c)$$

$$= i_0 + \underline{a}\,\underline{I}' + \underline{a}^2 \underline{I}'' \quad . \tag{123}$$

Zur Abkürzung ist $\underline{a} = e^{j\frac{2\pi}{3}}$, $\underline{a}^2 = e^{j\frac{4\pi}{3}}$ gesetzt. Die drei Originalströme i_a, i_b, i_c sind durch die Transformationsvorschriften der Gln.(121) - (123) in die fiktiven Ströme i_0, $\underline{I}'$, $\underline{I}''$ zerlegt worden. Man nennt diese Stromkomponenten

$$\text{Null-Komponente:} \qquad i_0 = \frac{1}{3}(i_a + \ i_b + \ i_c) \tag{124}$$

$$\text{Mit-Komponente:} \qquad \underline{I}' = \frac{1}{3}(i_a + \underline{a}i_b + \underline{a}^2 i_c) \tag{125}$$

$$\text{Gegen-Komponente:} \qquad \underline{I}'' = \frac{1}{3}(i_a + \underline{a}^2 i_b + \underline{a}i_c) \tag{126}$$

Da die Strangströme i_a, i_b, i_c reelle Augenblickswerte darstellen, folgt aus den Gln.(121)-(123) unmittelbar, daß die *komplexen Mit- und Gegen-Komponenten zueinander konjugiert komplex* sind. Drehstromwicklungen in rotierenden elektrischen Maschinen sind in Dreieck- oder Stern-Schaltung verkettet, wobei bei Stern-Schaltung praktisch nie ein Sternpunktleiter herausgeführt wird. Die Summe der drei Strangströme und damit nach Gl.(124) die *Null-Komponente* sind in *der Praxis stets Null.*

Aus den beiden vorstehenden Erkenntnissen folgt: *Zur Berechnung des Zeitverlaufes aller Strangströme des Systems genügt die Kenntnis einer SK.*

Die Definitionsgleichungen der SK $\underline{I}'$ und $\underline{I}''$ für Augenblickswerte sind formal zwar identisch aufgebaut wie die der SK $\underline{I}_m$ und $\underline{I}_g$ für eingeschwungene sinusförmige Wechselströme; es macht jedoch keinen Sinn, die formalen Analogien zu weit zu treiben. Im eingeschwungenen Zustand eines unsymmetrisch belasteten Drehstromnetzwerkes muß man beispielsweise zur Ermittlung der beiden Komponenten $\underline{I}_m$ und $\underline{I}_g$ die Spannungsgleichungen für das Mit- und das Gegensystem lösen und kann nicht aus der alleinigen Kenntnis einer SK die andere unmittelbar berechnen.

Wegen

$$\boxed{\underline{I}'' = \underline{I}'^{\star}} \tag{127}$$

errechnet sich bei verschwindendem Nullstrom $i_0 = 0$ der Strom i_a zu

$$i_a = 2 \cdot \mathrm{Re}(\underline{I}') = 2 \cdot \mathrm{Re}(\underline{I}'') \quad . \tag{128}$$

Bei verschwindendem Nullstrom $i_0 = 0$ wird offensichtlich durch eine der beiden zueinander konjugiert komplexen SK das gesamte Spektrum der durch die Wicklung erregten Luftspaltfelder erfaßt. Falls ein von Null verschiedener Strom i_0 existiert, so erregt dieser im Luftspalt ein Wechselfeld der Grundpolpaarzahl 3p.

Das Verfahren der SK kann auf beliebige Strangzahlen m ausgedehnt werden. Es existieren jeweils m SK, von denen jede einzelne bestimmte Feldpolpaarzahlen repräsentiert. Es läßt sich zeigen, daß bei Beschränkung der Untersuchungen auf das Maschinengrundfeld nur zwei SK beachtet werden müssen, die zueinander konjugiert komplex sind. Ohne Berücksichtigung der Läuferrückwirkungen lassen sich die von den Wicklungsoberfeldern induzierten Spannungen analog zum stationären Zustand durch die "klassische" doppeltverkettete Streuung erfassen.

4.2 Flußverkettungen einer Drehstromwicklung

In einer symmetrischen m-strängigen Wicklung sind die Stränge gegeneinander um den Winkel $\frac{2\pi}{p \cdot m}$ räumlich versetzt, wie in Bild 24 für eine dreisträngige, zweipolige Maschine topografisch dargestellt.

In Bild 24 ist neben der mit 1 gekennzeichneten Ständerwicklung auch eine dreisträngige Läuferwicklung (Index 2) eingetragen.

Zur Berechnung der Gegeninduktivitäten zwischen den Strängen einer Drehstromwicklung muß eine Aussage über die räumliche Verteilung des Luftspaltfeldes getroffen werden. Aus der analytischen Grundfeld-Theorie wird die sog. Wechselfeld-Haupt-Induktivität L_{1h_w} als bekannt unterstellt. Bei Beschränkung auf die Grundfeldverkettung des Luftspaltfeldes errechnet sich die Gegeninduktivität der Stränge zu

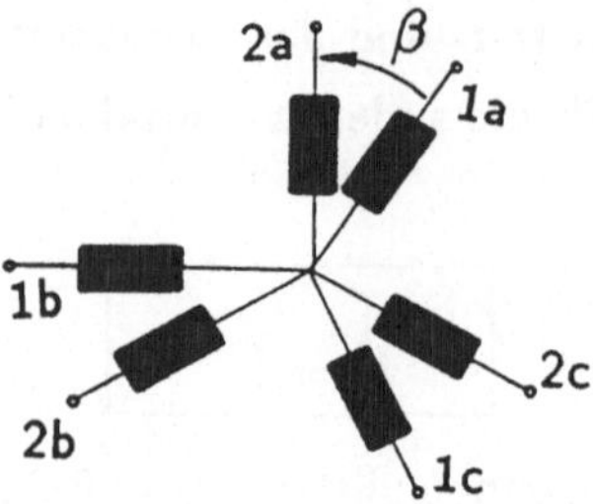

Bild 24: Topographische Darstellung von Drehstromwicklungen in Ständer und Läufer einer zweipoligen Maschine

$$M_{ab} = M_{ac} = L_{1h_w} \cdot cos\frac{2}{3}\pi = -\frac{L_{1h_w}}{2} \quad . \tag{129}$$

Die Flußverkettungen zwischen zwei Strängen, hervorgerufen durch die Wicklungsoberfelder mit den Polpaarzahlen $\nu = p \cdot (1+6g)$, führen auf die gleiche Winkelabhängigkeit wie beim Grundfeld, denn es gilt

$$cos\left(\nu \cdot \frac{2\pi}{3p}\right) = cos(1 + 6g) \cdot \frac{2}{3}\pi = cos\frac{2}{3}\pi = -\frac{1}{2} \quad . \tag{130}$$

Wenn man die Induktivität der doppeltverketteten Streuung in üblicher Weise in die Streuinduktivität $L_{1\sigma}$ eines Stranges integriert, so gilt für die Flußverkettung des Stranges a mit allen drei Strängen der Drehstromwicklung

$$\psi_a = (L_{1h_w} + L_{1\sigma}) \cdot i_a + M_{ab} \cdot i_b + M_{ac} \cdot i_c \tag{131}$$

$$\boxed{\psi_a = L_1 \cdot i_a = (L_{1h} + L_{1\sigma}) \cdot i_a \quad \text{mit} \quad L_{1h} = \frac{3}{2} \cdot L_{1h_w}}$$

$$\tag{132}$$

4.3 Flußverkettungen zwischen den Wicklungen von Ständer und Läufer

Wenn die Drehstromwicklungen des Ständers 1 und des Läufers 2 gleichachsig magnetisieren, so errechnet sich die Gegeninduktivität M zwischen zwei Strängen aus der Wechselfeld-Nutzinduktivität des Ständers über die effektiven Windungszahlen.

$$M = L_{1h_w} \cdot \frac{w_2 \cdot \xi_2}{w_1 \cdot \xi_1} \tag{133}$$

Da nur die Grundfeldverkettungen betrachtet werden, sind für die Wicklungsfaktoren diejenigen des Grundfeldes mit der Polpaarzahl p einzusetzen.

Der Umfangswinkel β zwischen den Bezugssträngen a von Ständer und Läufer ist bei sich drehender Maschine eine Funktion der Zeit. Bei konstanter Drehzahl n wächst der Umfangswinkel β linear mit der Zeit an.

$$\beta = \int \omega_m dt = 2\pi \cdot \int n\,dt \tag{134}$$

Die Flußverkettung zwischen dem Läuferstrang a und den drei Strängen der Ständerwicklung kann mit diesen Größen unmittelbar angeschrieben werden.

$$\psi_{2a1} = i_{1a} \cdot M \cdot cosp\beta + i_{1b} \cdot M \cdot cos(p\beta - \frac{2}{3}\pi) + i_{1c} \cdot M \cdot cos(p\beta - \frac{4}{3}\pi) \tag{135}$$

Die Anwendung der Additionstheoreme liefert

$$\psi_{2a1} = \frac{3}{2} \cdot M \cdot i_{1a} \cdot cosp\beta + \frac{\sqrt{3}}{2} \cdot M \cdot (i_{1b} - i_{1c}) \cdot sinp\beta \quad . \tag{136}$$

Die Substitution der Strangströme i_{1b} und i_{1c} durch ihre SK nach den Gln.(122) und (123) führt auf

$$i_{1b} - i_{1c} = \underline{I}'_1(\underline{a}^2 - \underline{a}) + \underline{I}''_1(\underline{a} - \underline{a}^2) \quad . \tag{137}$$

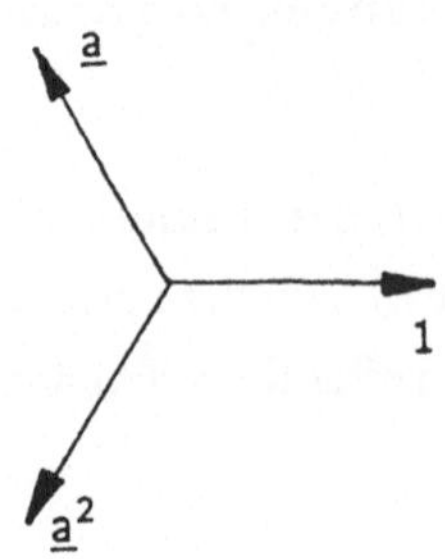

$$\underline{a} - \underline{a}^2 = j\sqrt{3}$$

$$\underline{a}^2 - \underline{a} = -j\sqrt{3}$$

Der Ausdruck Gl.(136) läßt sich umformen in

$$\psi_{2a1} = \frac{3}{2}M(\underline{I}_1' + \underline{I}_1'')\cos p\beta + \frac{\sqrt{3}}{2}M\left(-j\sqrt{3}\cdot\underline{I}_1' + j\sqrt{3}\cdot\underline{I}_1''\right)\sin p\beta \qquad (138)$$

und durch Anwendung der Euler'schen Form vereinfachen.

$$\psi_{2a1} = \frac{3}{2}\cdot M \cdot \left(\ \underline{I}_1'\cdot e^{-jp\beta} + \underline{I}_1''\cdot e^{jp\beta}\right) \qquad (139)$$

Auf analoge Weise kann man die Flußverkettungen der beiden anderen Läuferstränge mit dem Ständer mit Hilfe der SK der Ströme formulieren.

$$\psi_{2b1} = \frac{3}{2}\cdot M \cdot \left(\underline{a}^2\cdot\underline{I}_1'\cdot e^{-jp\beta} + \underline{a}\cdot\underline{I}_1''\cdot e^{jp\beta}\right) \qquad (140)$$

$$\psi_{2c1} = \frac{3}{2}\cdot M \cdot \left(\underline{a}\cdot\underline{I}_1'\cdot e^{-jp\beta} + \underline{a}^2\cdot\underline{I}_1''\cdot e^{jp\beta}\right) \qquad (141)$$

Aus den Gln.(139) bis (141) erkennt man, daß der erste Term in Gl.(139) die Mit- und der zweite Term die Gegen-Komponente der Flußverkettung bezeichnet.

Auf analoge Weise erhält man die Flußverkettung der Ständerstränge mit dem Läufer. Für eine m_2-strängige Läuferwicklung gilt

$$\psi_{1a2} = \frac{m_2}{2}\cdot M \cdot \left(\ \underline{I}_2'\cdot e^{jp\beta} + \underline{I}_2''\cdot e^{-jp\beta}\right) \qquad (142)$$

$$\psi_{1b2} = \frac{m_2}{2}\cdot M \cdot \left(\underline{a}^2\underline{I}_2'\cdot e^{jp\beta} + \underline{a}\,\underline{I}_2''\cdot e^{-jp\beta}\right) \qquad (143)$$

$$\psi_{1c2} = \frac{m_2}{2}\cdot M \cdot \left(\underline{a}\,\underline{I}_2'\cdot e^{jp\beta} + \underline{a}^2\underline{I}_2''\cdot e^{-jp\beta}\right) \qquad (144)$$

Der normale Schleifringläufer ist mit $m_2 = 3$, der Käfigläufer mit $m_2 = N_2$ ($N_2 =$ Stabzahl) in dem vorstehenden Gleichungssystem enthalten.

Mit den hergeleiteten Flußverkettungen können die Spannungsgleichungen einer Induktionsmaschine in SK formuliert werden. Da die SK zueinander konjugiert komplex sind, genügt die Gleichung einer der beiden Komponenten für den Ständer und der entsprechenden für den Läufer. Im Normalfall sind in diesen Beziehungen jedoch neben den beiden Strömen auch der Umfangswinkel β zwischen Ständer und Läufer bzw. die Drehzahl unbekannt. Für einen Antrieb mit veränderlicher Drehzahl muß deshalb auch die Drehmomentgleichung aufgestellt werden, in welcher das elektromagnetisch erregte sog. Luftspaltdrehmoment vorkommt.

4.4   Luftspalt-Drehmoment

Der Ausdruck für das Luftspalt-Drehmoment soll aus einer Energiebilanz hergeleitet werden. Zunächst werden nur zwei magnetisch gekoppelte Stränge von Ständer und Läufer betrachtet. Der Ständerstrang liege an einem starren Netz der Spannung u_1, der Läufer sei kurzgeschlossen. Somit lautet die Gleichung für das Spannungsgleichgewicht des Ständerstranges

$$u_1 = R_1 \cdot i_1 + L_1 \cdot \frac{di_1}{dt} + \frac{d}{dt}(M^\star \cdot i_2) \quad . \tag{145}$$

Mit $M^\star = M \cdot cosp\beta$ ist die drehwinkelabhängige Gegeninduktivität zwischen den betrachteten Strängen von Ständer und Läufer bezeichnet. Im Gegensatz zur Wirkleistungsbilanz im stationären Betrieb müssen bei Ausgleichsvorgängen die magnetischen Feldenergien in die Bilanz einbezogen werden. Die zu Gl.(145) analoge Spannungsgleichung des Läuferstranges lautet

$$0 = R_2 \cdot i_2 + L_2 \cdot \frac{di_2}{dt} + \frac{d}{dt}(M^\star \cdot i_1) \quad . \tag{146}$$

Als nächster Schritt wird die Spannungsbilanz in eine Energiebilanz umgewandelt.

$$u_1 \cdot i_1 \cdot dt = R_1 \cdot i_1^2 \cdot dt + L_1 \cdot i_1 di_1 + i_1 \cdot d(M^\star \cdot i_2) \tag{147}$$

$$0 = R_2 \cdot i_2^2 \cdot dt + L_2 \cdot i_2 di_2 + i_2 \cdot d(M^\star \cdot i_1) \tag{148}$$

Für die magnetische Feldenergie von zwei gekoppelten Stromkreisen gilt allgemein [11]

$$w_{magn.} = \frac{1}{2} \cdot L_1 \cdot i_1^2 + \frac{1}{2} \cdot L_2 \cdot i_2^2 + M^\star \cdot i_1 \cdot i_2 \tag{149}$$

$$dw_{magn.} = L_1 \cdot i_1 di_1 + L_2 \cdot i_2 di_2 + M^\star \cdot i_1 \cdot di_2 + M^\star \cdot i_2 \cdot di_1 + i_1 \cdot i_2 \cdot dM^\star. \tag{150}$$

Die Energiebilanz

$$u_1 \cdot i_1 \cdot dt = dw_{Wärme} + dw_{magn.} + dw_{mech.} \tag{151}$$

führt durch Koeffizientenvergleich der "Summe" der Gln. (147) und (148) mit (151) und (150) auf die mechanische Energie

$$dw_{mech.} = i_1 \cdot i_2 \cdot dM^\star \quad . \tag{152}$$

Mit dem Bohrungsradius R lautet somit die Umfangskraft

$$f = \frac{dw_{mech.}}{dx} = i_1 \cdot i_2 \cdot \frac{dM^\star}{dx} \quad , \qquad x = R \cdot \beta \tag{153}$$

und das Drehmoment

$$m = R \cdot f = i_1 \cdot i_2 \cdot \frac{dM^\star}{d\beta} \quad . \tag{154}$$

Schreibt man für die drehwinkelabhängige Gegeninduktivität

$$M^\star = M \cdot cosp\beta = \frac{M}{2} \left(e^{jp\beta} + e^{-jp\beta} \right) \quad , \tag{155}$$

so liefert die Anwendung der abgeleiteten Beziehung auf das Zusammenwirken aller m_1 Ständerstränge und m_2 Läuferstränge sowie die Summation aller Teildrehmomente nach einigen Umrechnungen

$$m = p \cdot m_1 \cdot m_2 \cdot \frac{M}{2} \cdot \left(j \cdot \underline{I}_1'' \cdot \underline{I}_2' \cdot e^{jp\beta} - j \cdot \underline{I}_1' \cdot \underline{I}_2'' \cdot e^{-jp\beta} \right)$$

$$m = p \cdot m_1 \cdot m_2 \cdot M \cdot Re \left(j \cdot \underline{I}_1'' \cdot \underline{I}_2' \cdot e^{jp\beta} \right) \quad . \tag{156}$$

5. Schaltvorgänge bei Induktionsmaschinen

5.1 Spannungsgleichungen einer symmetrischen Drehstrominduktionsmaschine

Die Spannungsgleichungen der Mitkomponenten für einen am starren Netz der Strangspannung u_1 liegenden, im Läufer kurzgeschlossenen Schleifringläufer

$$\underline{U}'_1 = R_1 \cdot \underline{I}'_1 + L_1 \cdot \frac{d\underline{I}'_1}{dt} + \frac{3}{2} \cdot M \cdot \frac{d}{dt}(\underline{I}'_2 \cdot e^{jp\beta}) \qquad (157)$$

$$0 = R_2 \cdot \underline{I}'_2 + L_2 \cdot \frac{d\underline{I}'_2}{dt} + \frac{3}{2} \cdot M \cdot \frac{d}{dt}(\underline{I}'_1 \cdot e^{-jp\beta}) \qquad (158)$$

sind auch bei konstanter Drehzahl, d.h. $\beta = 2\pi n \cdot t = \omega_m \cdot t$, in dieser Form geschlossen nicht lösbar, da sie keine zeitlich konstanten Koeffizienten besitzen. Führt man jedoch einen fiktiven Strom

$$\underline{\tilde{I}}'_2 = \underline{I}'_2 \cdot e^{jp\beta} \qquad (159)$$

ein, den man als auf den Ständer bezogene Mitkomponente des Läufers bezeichnen kann, so gilt mit der Beziehung

$$\frac{d\underline{\tilde{I}}'_2}{dt} = \frac{d\underline{I}'_2}{dt} \cdot e^{jp\beta} + \underline{I}'_2 \cdot \frac{d}{dt}(e^{jp\beta}) = \frac{d\underline{I}'_2}{dt} \cdot e^{jp\beta} + jp\omega_m e^{jp\beta} \cdot \underline{I}'_2 \qquad (160)$$

anstelle der Gln.(157) und (158)

$$\underline{U}'_1 = R_1 \cdot \underline{I}'_1 + L_1 \cdot \frac{d\underline{I}'_1}{dt} + \frac{3}{2} \cdot M \cdot \frac{d\underline{\tilde{I}}'_2}{dt} \qquad (161)$$

$$0 = (R_2 - jp\omega_m \cdot L_2) \cdot \underline{\tilde{I}}'_2 + L_2 \cdot \frac{d\underline{\tilde{I}}'_2}{dt} - jp\omega_m \cdot \frac{3}{2}M \cdot \underline{I}'_1 + \frac{3}{2} \cdot M \cdot \frac{d\underline{I}'_1}{dt} \qquad (162)$$

Wenn die als starr unterstellte Strangspannung des Stranges a die Form besitzt

$$u_1 = \sqrt{2}U_1 \cdot cos(\omega_1 t + \varphi_1) = 2 \cdot Re\,\underline{U}'_1 \quad , \qquad (163)$$

so lautet deren Mitkomponente

$$\underline{U}'_1 = \frac{U_1}{\sqrt{2}} \cdot e^{j(\omega_1 t + \varphi_1)} \quad . \tag{164}$$

In den Gln.(161) und (162) sind die Induktivitäten als konstant unterstellt, d.h. alle Sättigungserscheinungen sind vernachlässigt. Diese Näherung ist häufig zulässig, wenn man mit den Induktivitäten des vorangegangenen stationären Betriebes rechnet. Es ist üblich, hierfür den konstanten Wert L_{1h} entsprechend der Geraden in Bild 25 anzusetzen. Diese Vorgehensweise ist gerechtfertigt, wenn man sich für die Vorgänge nur während der ersten Perioden nach dem Schalten - in dieser Zeitspanne treten meist die Höchstwerte, die sog. Stoßwerte, auf - interessiert. Wenn die kurzgeschlossene Läuferwicklung widerstandslos wäre, könnte sich der Fluß wegen $\frac{d}{dt}\psi_{2a1} = 0$ gar nicht ändern. Bei endlichen Widerständen kann während weniger Perioden keine wesentliche Änderung der Induktivitäten entstehen.

Sind die vorstehenden Randbedingungen nicht gegeben, so muß die numerische Rechnung mit strom- und somit zeitabhängigen Drehfeldinduktivitäten erfolgen. In diesen Fällen genügt eine Nachiteration mit den Werten der Leerlaufkennlinie.

Die Gleichungen des Käfigläufers sollen mit dem sog. Stabmodell aus denen der m_2-strängigen Maschine abgeleitet werden. Es gilt:

$$m_2 = N_2 \quad , \quad w_2 = \frac{1}{2} \quad , \quad \xi_2 = 1 \quad . \tag{165}$$

Hiermit tritt an die Stelle der Gln.(161), (162) und (156)

$$\underline{U}'_1 = R_1 \cdot \underline{I}'_1 + L_1 \cdot \frac{d\underline{I}'_1}{dt} + \frac{N_2}{2} \cdot M \cdot \frac{d\underline{\tilde{I}}'_2}{dt} \tag{166}$$

$$0 = (R_2 - jp\omega_m \cdot L_2) \cdot \underline{\tilde{I}}'_2 + L_2 \cdot \frac{d\underline{\tilde{I}}'_2}{dt} - jp\omega_m \cdot \frac{3}{2}M \cdot \underline{I}'_1 + \frac{3}{2} \cdot M \cdot \frac{d\underline{I}'_1}{dt} \tag{167}$$

$$m = p \cdot 3 \cdot N_2 \cdot M \cdot \mathrm{Re}\left(j\underline{I}'^{*}_1 \cdot \underline{\tilde{I}}'_2\right) \tag{168}$$

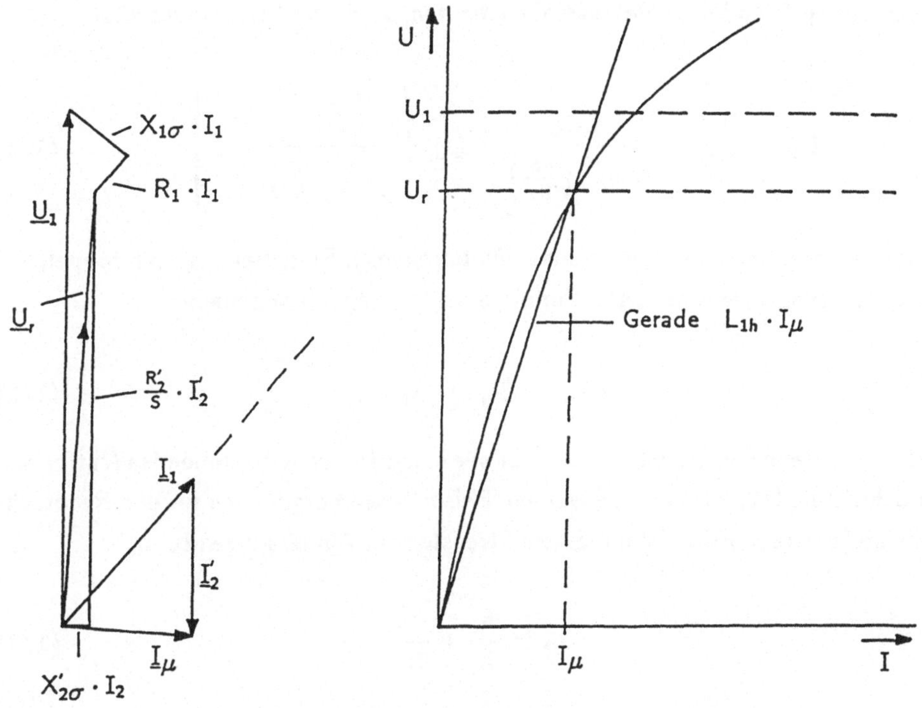

Bild 25:   Zeigerdiagramm und Leerlaufkennlinie eines Induktionsmotors mit der Drehfeld-Hauptinduktivität L_{1h}

Der Stabwiderstand R_2 setzt sich aus dem Widerstand des eigentlichen Stabes R_{St} und dem Ringanteil zusammen. Wenn man den Widerstand eines Ringsegmentes mit R_R bezeichnet, so gilt

$$R_2 = R_{St} + \frac{R_R}{2\,sin^2\left(\frac{p\pi}{N_2}\right)} \quad . \tag{169}$$

Die Stranginduktivität L_2 setzt sich aus der Hauptinduktivität

$$L_{2h} = \frac{N_2 R l \mu_0}{2\pi \delta'' p^2} \quad ,$$ (170)

in welcher R den Bohrungsradius, l die Eisenlänge, δ'' den magnetisch wirksamen fiktiven Luftspalt und p die Polpaarzahl bedeuten, sowie der Streuinduktivität

$$L_{2\sigma} = L_{2\sigma_{St}} + \frac{L_{2\sigma_R}}{2 \sin^2\left(\frac{p\pi}{N_2}\right)} + L_{2h} \left\{ \frac{\left(\frac{p\pi}{N_2}\right)^2}{\sin^2\left(\frac{p\pi}{N_2}\right)} - 1 \right\} \quad ,$$ (171)

die sich aus den Anteilen Stabstreuung (Nutstreuung), Ringstreuung und doppeltverkettete Streuung zusammensetzt. Für die Stabstreuung gilt allgemein

$$L_{2\sigma_{St}} = \mu_0 \cdot l \cdot \lambda_N \quad .$$ (172)

Der sogenannte Streuleitwert λ_N kann für alle in der Praxis vorkommenden Nutformen dem Schrifttum [12] entnommen werden. Beispielsweise ergibt sich für den Rechteck-Hochstab (Breite b, Höhe T) mit einem Streusteg der Abmessungen b_s, h_s

$$\lambda_N = \frac{h_s}{b_s} + \frac{T}{3b}$$ (173)

und für einen Rundstab mit Streusteg (b_s, h_s)

$$\lambda_N = \frac{h_s}{b_s} + 0{,}66 \quad .$$ (174)

Die Ringstreuung kann mit der empirisch gewonnenen Näherungsformel

$$L_{\sigma_R} \approx 0{,}37 \mu_0 \frac{2\pi R}{N_2}$$ (175)

bestimmt werden.

Alle in diesem Unterabschnitt angegebenen Gleichungen des Käfigläufers gelten ohne Berücksichtigung der Stromverdrängung.

5.2 Berücksichtigung der Stromverdrängung im Läufer

Die überwiegende Mehrzahl aller Käfigläufer wird als Stromverdrängungsläufer gebaut. Es ist deshalb notwendig, die Stromverdrängung bei beliebigem Zeitverlauf des Läuferstromes in die Untersuchungen einzubeziehen. Die integralen Größen Stabwiderstand und Stabstreureaktanz müssen dann in Strenge aus partiellen Differentialgleichungen ermittelt werden, deren geschlossene Lösung für die vielfältigen vorkommenden Nutformen von Käfigläufern erhebliche Schwierigkeiten bereitet. Die sogenannte transiente Stromverdrängung wird üblicherweise numerisch mit Hilfe von Approximationsverfahren erfaßt.

Bei beliebiger Nutgeometrie im Läufer bietet sich das sogenannte *Teilleiterverfahren* an, welches schon 1916 von R. Richter angegeben wurde [13,14]. Hierbei wird die Stromverteilung in der Nut näherungsweise dadurch erfaßt, daß man sich den Stab in eine größere Anzahl paralleler, gegeneinander isolierter Einzelleiter aufgeteilt denkt, von denen jeder für sich als stromverdrängungsfrei unterstellt wird. Das Teilverfahren ist folglich umso genauer, aber auch umso aufwendiger, je größer die Anzahl der parallel geschalteten Teilleiter gewählt wird.

Die wichtigste Variante des Stromverdrängungsläufers ist bei Hochspannungsmotoren der Hochstabläufer mit Rechteck-Stäben. Für diese Stabform sind Näherungsverfahren hergeleitet worden, bei denen der Hochstab durch einen in den Einzelelementen stromverdrängungsfreien Kettenleiter approximiert wird. Als Maß für die Güte der Näherung kann der Grad der Übereinstimmung der Frequenzgänge für die Hochstabadmittanz einerseits und die Admittanz der Ersatzschaltung nach Bild 26 angesehen werden.

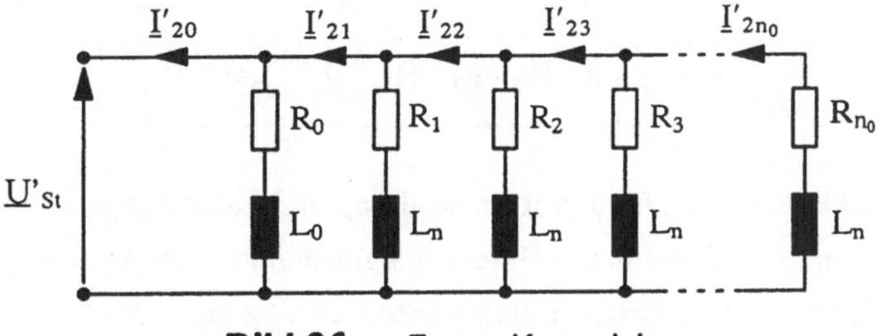

Bild 26: Ersatz-Kettenleiter

In den meisten praktischen Fällen reicht die Nachbildung durch $n = 4$ Kettenglieder vollständig aus ($n_0 = 3$).

Nach W. Paszek [15] gelten die nachstehenden Beziehungen:

$$\frac{1}{\underline{Z}_{Stab}(\omega)} \approx \sum_{n=1}^{n_0} \frac{1}{R_n + j\omega L_n} + \frac{1}{R_0 + j\omega L_0} \tag{176}$$

$$\frac{R_n}{R_{St}} = \frac{\pi^2}{8}(2n-1)^2 \tag{177}$$

$$\frac{L_n}{L_{St}} = \frac{3}{2} \tag{178}$$

$$\frac{1}{R_0} = \frac{1}{R_{St}} - \sum_{n=1}^{n_0} \frac{1}{R_n} \tag{179}$$

$$L_0 = \left(\frac{R_0}{R_{St}}\right)^2 \cdot 3L_{St} \cdot \left\{\frac{1}{3} - \sum_{n=1}^{n_0} \frac{32}{\pi^4 (2n-1)^4}\right\} \cdot \tag{180}$$

In den vorstehenden Gleichungen sind der Gleichstromwiderstand eines Stabes mit R_{St} und die Nutquerinduktivität eines Stabes bei Gleichstrom mit L_{St} bezeichnet worden.

Die Kopplung zwischen Ständer und Läufer wird durch den fiktiven Strom $\underline{I}'_{20}$ repräsentiert. Für das Luftspaltdrehmoment tritt an die Stelle von Gl.(168) darum der analoge Ausdruck

$$\boxed{m = p \cdot 3 \cdot N_2 \cdot M \cdot \text{Re}\left\{j\underline{I}'^{\star}_1\underline{I}'_{20} e^{jp\beta}\right\}} \tag{181}$$

Mit Hilfe der im Abschnitt 5.1 für den stromverdrängungsfreien Käfigläufer abgeleiteten Beziehungen können die Spannungs-Differentialgleichungen der Mitkomponenten für den Hochstabläufer aus den Maschen- und Knoten-Bedingungen des Ersatzschaltbildes 27 abgelesen werden.

Neben stromverdrängungsbehafteten Einfachkäfigläufern kommen in der Praxis auch Doppelkäfigläufer vor. Sie können mit einem für beide Käfige gemeinsamen oder mit getrennten Kurzschlußringen ausgerüstet sein (Bild 28).

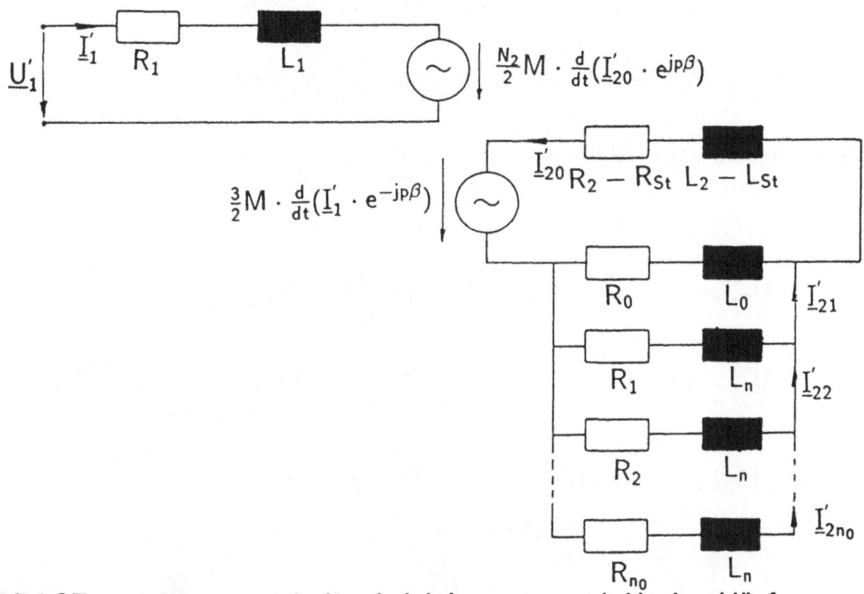

Bild 27:   Ersatznetzwerk eines Induktionsmotors mit Hochstabläufer

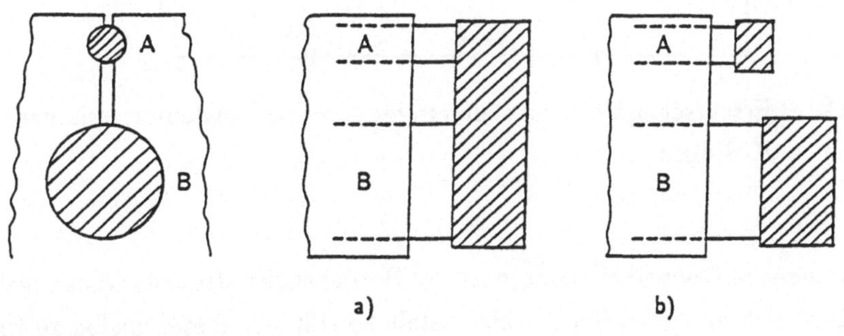

Bild 28:   Doppelkäfigläufer mit gemeinsamen (a) oder getrennten (b) Kurzschlußringen

Für die Ausführung mit gemeinsamen K-Ringen nach Bild 28a gelten die Spannungsgleichungen für die Mitkomponenten der Stabspannungen des Anlauf- und des Betriebskäfigs

$$\underline{U}'_{St} = R_A \cdot \underline{I}'_A + L_{\sigma A} \cdot \frac{d\underline{I}'_A}{dt} + M_{AB} \cdot \frac{d\underline{I}'_B}{dt} \qquad (182)$$

$$\underline{U}'_{St} = R_B \cdot \underline{I}'_B + L_{\sigma B} \cdot \frac{d\underline{I}'_B}{dt} + M_{AB} \cdot \frac{d\underline{I}'_A}{dt} \qquad (183)$$

Sie lassen sich umwandeln in

$$\underline{U}'_{St} = R_A \cdot \underline{I}'_A + (L_{\sigma A} - M_{AB}) \cdot \frac{d\underline{I}'_A}{dt} + M_{AB} \cdot \left(\frac{d\underline{I}'_A}{dt} + \frac{d\underline{I}'_B}{dt} \right) \qquad (184)$$

$$\underline{U}'_{St} = R_B \cdot \underline{I}'_B + (L_{\sigma B} - M_{AB}) \cdot \frac{d\underline{I}'_B}{dt} + M_{AB} \cdot \left(\frac{d\underline{I}'_A}{dt} + \frac{d\underline{I}'_B}{dt} \right) \qquad (185)$$

Den Gln.(184) und (185) entspricht das Ersatzschaltbild 29.

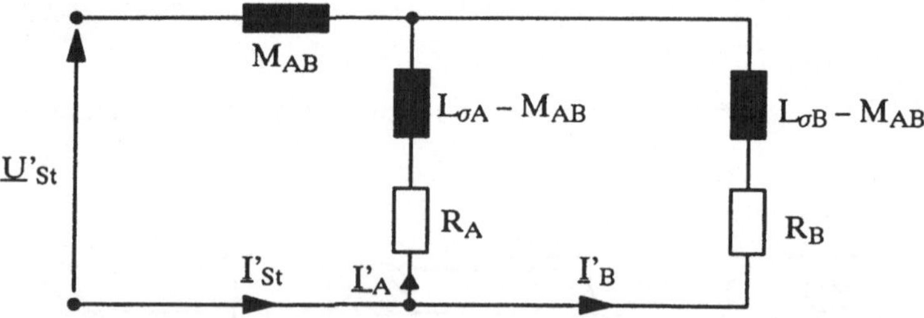

Bild 29: Ersatzschaltbild des Läufers eines Doppelkäfigläufers mit gemeinsamen K-Ringen

Bei den meisten Doppelkäfigläufern ist der Betriebskäfig stromverdrängungsbehaftet. Handelt es sich um einen Rechteckhochstab, so läßt sich dieser analog zu Bild 27 als Kettenleiter nachbilden (Bild 30).

Die Größen $R_B - R_{B_{St}}$ und $L_{\sigma B} - L_{\sigma B_{St}}$ sind die stromverdrängungsfreien Anteile von Stabwiderstand und Stabstreuinduktivität des Betriebskäfigs. Die stromverdrängungsbehaftete Impedanz $\underline{Z}_{B_{St}}$ muß nach Gl.(176) aus der Kettenleiternachbildung ermittelt werden. Im Falle eines stromverdrängungsfreien Betriebskäfigs ist $\underline{Z}_{B_{St}}$ gleich der Reihenschaltung aus $R_{B_{St}}$ und $L_{B_{St}}$, d.h. Bild 30 geht über in das Ersatzschaltbild 29. Die Variante nach Bild 28b kann analog behandelt werden.

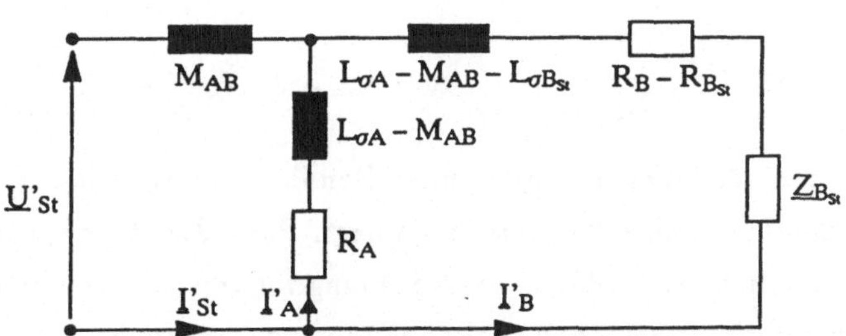

Bild 30: Ersatzschaltbild des Läufers eines Doppelkäfigläufers mit Hochstäben und gemeinsamen K-Ringen im Betriebskäfig

5.3 Bestimmung des Stoßkurzschlußstromes

5.3.1 Kurzschluß der synchron laufenden Maschine

In der Praxis interessiert man sich manchmal nicht für den genauen Zeitverlauf der Ausgleichsvorgänge, sondern begnügt sich im Hinblick auf die Netzbelastung und die auftretenden Stromkräfte mit der Kenntnis des sog. Stoßstromes, d.h. des Höchstwertes des auftretenden Stromes unter den ungünstigsten Randbedingungen des Schaltvorganges. Für solche Fälle bietet sich die Anwendung des sog. *Schaltgesetzes* an. Man versteht hierunter die Gesetzmäßigkeit, daß eine widerstandslose, kurzgeschlossene Spule nach dem Induktionsgesetz den mit ihr verketteten Fluß für alle Zeiten festhält.

$$w \cdot \frac{d\phi}{dt} = 0 \longrightarrow \phi = \text{konst.} \tag{186}$$

Wenn die betrachtete Maschine näherungsweise als widerstandslos unterstellt werden darf, so läßt sich aus der Identität der Flußverkettungen im Schaltaugenblick, welche aus den Randbedingungen des Schaltvorganges stets bekannt sind, und im kritischen Augenblick (Zeitpunkt, zu welchem der Höchstwert des Stromes auftritt) der gesuchte Stoßstrom ermitteln. Der Vorteil des Verfahrens liegt darin, daß man anstelle von Differentialgleichungen nur algebraische Gleichungen lösen muß. Das Verfahren soll auf das plötzliche dreisträngige Kurzschließen eines synchron laufenden Induktionsmotors angewandt werden. Der Kurzschluß soll zu dem Zeitpunkt eingeleitet werden, in welchem der Leerlaufstrom des betrachteten Stranges gerade Scheitelwert und die Strangspannung gerade Nulldurchgang besitzen, und in welchem die Stränge a von Ständer und Läufer gleichachsig magnetisieren. Die Anfangsbedingungen lauten also

$$i_{10} = \frac{\sqrt{2} \cdot U_1}{\omega L_1} \quad , \qquad i_{20} = 0 \quad , \qquad \beta_0 = 0 \quad . \tag{187}$$

Es ist zu vermuten, daß bei den gewählten Randbedingungen der kritische Zeitaugenblick bei der Läuferlage $p \cdot \beta = \pi$ vorliegt. Falls Zweifel an dem kritischen Zeitaugenblick bestehen, so muß man die Rechnung für verschiedene Zeitaugenblicke durchführen und auf diese Weise den kritischen Moment ermitteln.

Die Anwendung des Schaltgesetzes auf die Flußverkettungsgleichungen (132), (139) und (142) mit $m_2 = 3$ liefert

$$\psi_{1a1} + \psi_{1a2} = L_1 \cdot \sqrt{2} \cdot I_{10} \stackrel{!}{=} L_1 \cdot i_{1Stoß} - \frac{3}{2}M \cdot i_{2Stoß} \tag{188}$$

$$\underbrace{\psi_{2a1} + \psi_{2a2} = \frac{3}{2}M \cdot \sqrt{2} \cdot I_{10}}_{p \cdot \beta = 0} \stackrel{!}{=} \underbrace{-\frac{3}{2}M \cdot i_{1Stoß} + L_2 \cdot i_{2Stoß}}_{p \cdot \beta = \pi} \quad . \tag{189}$$

Mit der Ziffer der Gesamtstreuung

$$\sigma = 1 - \frac{\left(\frac{3}{2}M\right)^2}{L_1 \cdot L_2} \tag{190}$$

ergibt die Auflösung des linearen Gleichungssystems (188) und (189) den gesuchten Stoßstrom im Ständer zu

$$i_{1Stoß} = \sqrt{2} \cdot I_{10} \cdot \frac{2 - \sigma}{\sigma} = 2 \cdot \frac{\sqrt{2} \cdot U_1}{\sigma \cdot \omega \cdot L_1} \cdot \left(1 - \frac{\sigma}{2}\right) \quad . \tag{191}$$

Setzt man zur Abkürzung den stationären Kurzschlußstrom $I_{1k} = \frac{U_1}{\sigma \omega L_1}$ ein, so wird endgültig

$$i_{1Stoß} = 2 \cdot \sqrt{2} \cdot I_{1k} \cdot \left(1 - \frac{\sigma}{2}\right) \approx 2 \cdot \sqrt{2} \cdot I_{1k} \quad . \tag{192}$$

Das Ergebnis legt die Vermutung nahe, daß der Stoßstrom identisch ist demjenigen, welcher beim Einschalten des stillstehenden Motors entsteht. Die im Unterabschnitt 5.3.2 durchgeführte Rechnung wird dies bestätigen. In Prüffeldern reichen die

Netzkurzschlußleistungen oft nicht aus, um bei Maschinen großer Leistung den Kurzschlußversuch im stationären Zustand, bei welchem der Einschaltstrom und das Anzugsmoment bestimmt werden, an Bemessungsspannung durchzuführen. Aus der Auswertung des Oszillogrammes für den Kurzschlußstrom bei einem Klemmenkurzschluß aus dem Leerlauf läßt sich der Stoßkurzschlußstrom nach Gl.(192) jedoch vergleichsweise einfach ermitteln. Der Schaltvorgang eignet sich gut als Ersatz-Prüfverfahren.

5.3.2 Zuschalten des stehenden Motors

Die Maschine soll im Nulldurchgang der Strangspannung des Bezugstranges a und bei der Winkellage $\beta = 0$ ans Netz gelegt werden.

$$u_{1a}(t) = \sqrt{2} \cdot U_1 \cdot sin\omega t \quad , \quad i_{10} = 0 \quad , \quad i_{20} = 0 \qquad (193)$$

Nach dem Schließen des Schalters ist die Flußverkettung des Ständers durch den Zeitverlauf der Netzspannung eingeprägt, so daß das Schaltgesetz nicht zur Anwendung kommen kann. Wenn man jedoch weiterhin die ohmschen Widerstände in Ständer und Läufer als vernachlässigbar klein ansieht, so vereinfachen sich die Spannungsgleichungen auf die Form

$$u_{1a} = \frac{d\psi_{1a1}}{dt} + \frac{d\psi_{1a2}}{dt} = L_1 \cdot \frac{di_1}{dt} + \frac{3}{2}M \cdot \frac{di_2}{dt}$$

$$\mathcal{L}(u_{1a}) = \mathcal{L}(i_1) \cdot pL_1 + \mathcal{L}(i_2) \cdot p \cdot \frac{3}{2}M \qquad (194)$$

$$0 = \frac{d\psi_{2a2}}{dt} + \frac{d\psi_{2a1}}{dt} = L_2 \cdot \frac{di_2}{dt} + \frac{3}{2}M \cdot \frac{di_1}{dt}$$

$$0 = \mathcal{L}(i_1) \cdot p \cdot \frac{3}{2}M + \mathcal{L}(i_2) \cdot pL_2 \quad . \qquad (195)$$

Aus den algebraischen Gleichungen im Unterbereich findet man

$$\mathcal{L}(i_1) = \mathcal{L}(u_{1a}) \cdot \frac{p \cdot L_2}{p^2 \cdot \left\{ L_1 \cdot L_2 - \left(\frac{3}{2}M\right)^2 \right\}} = \mathcal{L}(u_{1a}) \cdot \frac{1}{p \cdot \sigma \cdot L_1} \quad . \qquad (196)$$

Die Rücktransformation führt mit der Integrationsregel unter Beachtung der hierin vorkommenden Anfangswerte auf

$$i_1(t) = \frac{1}{\sigma \cdot L_1} \cdot \left\{ \int u_{1a} \cdot dt - \left| \int u_{1a} \cdot dt \right|_{t=0} \right\} = \sqrt{2} \cdot I_{1k} \cdot (1 - cos\omega t) \quad . \quad (197)$$

Das Zuschalten im Nulldurchgang der Strangspannung ergibt erwartungsgemäß einen Stoßstrom, der gleich dem doppelten Scheitelwert des stationären Kurzschlußstroms ist und eine halbe Periode nach dem Schalten auftritt.

Der Stoßstrom tritt selbstverständlich nur in dem Strang auf, für den die ungünstigsten Bedingungen im Schaltaugenblick herrschen. In den beiden anderen Strängen sind die dem stationären Kurzschlußstrom überlagerten Gleichstromglieder kleiner, denn alle drei Strangströme müssen im Schaltaugenblick stetig verlaufen und stets die Summe Null ergeben.

5.4 Strom und Drehmoment bei festgebremstem Läufer

Die Wirkungsweise einer Induktionsmaschine ist unmittelbar mit einem endlichen Läuferwiderstand verknüpft. Deshalb ist die in den beiden vorangegangenen Unterabschnitten zur Rechnungsvereinfachung eingeführte Vernachlässigung der ohmschen Widerstände für die Berechnung des Drehmomentes unzulässig, sie würde stets auf den Wert Null führen. Die Berechnung der bei Ausgleichsvorgängen entstehenden Drehmomente gestaltet sich zwangsweise kompliziert, ihre Kenntnis ist jedoch erforderlich, da nach den vorkommenden Drehmomentbeanspruchungen die Konstruktionsteile des Motors selbst und seine Verbindung zum Antrieb (Kupplung) sowie zum Fundament bemessen werden müssen.

Die Drehmomentberechnung bei festgebremstem Läufer ist nicht nur theoretisch von Interesse, sondern bedarf wegen der Gefahr der Anlaufblockade auch in der Praxis der Überprüfung. Die Läuferlage im Stillstand soll durch $\alpha_0 = p \cdot \beta_0$ gekennzeichnet sein.

Die Berechnung des Drehmomentes aus den Strömen soll zunächst analytisch für eine stromverdrängungsfreie Maschine mit Käfigläufer durchgeführt werden. Mit der Spannung am Bezugsstrang

$$u_1(t) = \sqrt{2} \cdot U_1 \cdot cos(\omega_1 t + \varphi_1) \tag{198}$$

und den Anfangswerten

$$i_{10} = i_{20} = 0$$

lauten die Spannungsgleichungen der Mitkomponenten von Ständer und Läufer im Unterbereich

$$\mathcal{L}(\underline{U}'_1) = \mathcal{L}(\underline{I}'_1) \cdot (R_1 + pL_1) + \mathcal{L}(\underline{I}'_2) \cdot p \frac{N_2}{2} M \cdot e^{j\alpha_0} \tag{199}$$

$$0 = \mathcal{L}(\underline{I}'_2) \cdot (R_2 + pL_2) + \mathcal{L}(\underline{I}'_1) \cdot p \frac{3}{2} M \cdot e^{-j\alpha_0} \quad . \tag{200}$$

Die Auflösung des algebraischen Gleichungssystems führt auf quadratische Ausdrücke in p. Ihre Wurzeln lauten:

$$p_1 = -\frac{T_1 + T_2}{2\sigma T_1 \cdot T_2} \left[1 + \sqrt{1 - \frac{4\sigma T_1 \cdot T_2}{(T_1 + T_2)^2}} \right] \approx -\frac{T_1 + T_2}{\sigma T_1 \cdot T_2} = -\frac{1}{T_\sigma} \tag{201}$$

$$p_2 = -\frac{T_1 + T_2}{2\sigma T_1 \cdot T_2} \left[1 - \sqrt{1 - \frac{4\sigma T_1 \cdot T_2}{(T_1 + T_2)^2}} \right] \approx -\frac{1}{T_1 + T_2} = -\frac{1}{T_h} \quad . \tag{202}$$

Zur Abkürzung wurden in die Gln.(201) und (202)

die totale Streuziffer

$$\sigma = 1 - \frac{\frac{3}{2} \cdot \frac{N_2}{2} \cdot M^2}{L_1 \cdot L_2} \quad , \tag{203}$$

die Ständerzeitkonstante

$$T_1 = \frac{L_1}{R_1} \tag{204}$$

und die Läuferzeitkonstante

$$T_2 = \frac{L_2}{R_2} \tag{205}$$

eingeführt. Bei den beiden magnetisch gekoppelten Stromkreisen von Ständer und Läufer verlaufen die Ausgleichsströme erwartungsgemäß mit zwei unterschiedlichen Zeitkonstanten, die man in Übereinstimmung mit den Untersuchungen in Abschnitt

2.2 als *Streufeld-* und *Hauptfeld-Zeitkonstante* bezeichnet. Die Mitkomponenten der Ströme lauten im Unterbereich

$$\mathcal{L}(\underline{I}'_1) = \frac{U_1 e^{j\varphi_1}}{\sqrt{2}\sigma L_1} \cdot \frac{p + \frac{1}{T_2}}{(p - j\omega_1) \cdot (p - p_1) \cdot (p - p_2)} \tag{206}$$

$$\mathcal{L}(\underline{I}'_2) = -\frac{\frac{3}{2} M U_1 e^{j\varphi_1} e^{-j\alpha_0}}{\sqrt{2}\sigma L_1 L_2} \cdot \frac{p}{(p - j\omega_1) \cdot (p - p_1)(p - p_2)} \cdot \tag{207}$$

Die Rücktransformation in den Zeitbereich ergibt

$$\underline{I}'_1(t) = \frac{U_1 e^{j\varphi_1}}{\sqrt{2}\sigma L_1} \cdot \left[\frac{\left(p_1 + \frac{1}{T_2}\right) e^{p_1 t}}{(p_1 - p_2)(p_1 - j\omega_1)} + \right.$$

$$\left. + \frac{\left(p_2 + \frac{1}{T_2}\right) e^{p_2 t}}{(p_2 - p_1)(p_2 - j\omega_1)} + \frac{\left(j\omega_1 + \frac{1}{T_2}\right) e^{j\omega_1 t}}{(p_1 - j\omega_1)(p_2 - j\omega_1)} \right] \tag{208}$$

$$\underline{I}'_1(t) = \underline{I}'_{T_1}(t) + \underline{I}'_{T_2}(t) + \underline{I}'_{1_{stat}}(t)$$

$$\underline{I}'_2(t) = -\frac{\frac{3}{2} M U_1 e^{j(\varphi_1 - \alpha_0)}}{\sqrt{2}\sigma L_1 L_2} \cdot \left[\frac{p_1 \cdot e^{p_1 t}}{(p_1 - p_2)(p_1 - j\omega_1)} + \right.$$

$$\left. + \frac{p_2 \cdot e^{p_2 t}}{(p_2 - p_1)(p_2 - j\omega_1)} + \frac{j\omega_1 \cdot e^{j\omega_1 t}}{(p_1 - j\omega_1)(p_2 - j\omega_1)} \right] \tag{209}$$

Der Ständerstrom hängt vom Zeitphasenwinkel φ_1 der Strangspannung im Schaltaugenblick, nicht jedoch von dem Läuferlagewinkel α_0 ab. In bezug auf den Läuferstrom verhält sich der Läuferlagewinkel nach Gl.(209) ähnlich wie der Zeitphasenwinkel der Strangspannung in bezug auf den Ständerstrom.

Die Ströme in Ständer und Läufer setzen sich aus drei Anteilen zusammen: Dem stationären Wechselstrom überlagern sich zwei mit der Streufeld- bzw. der Hauptfeld-Zeitkonstanten abklingende Ausgleichsströme. Der Ständerkurzschlußstrom läßt sich mit der Abkürzung

$$\varphi_{\mathrm{I}} = -Arctan\frac{\omega_1 T_1 \left(1 + \sigma\omega_1^2 T_2^2\right)}{1 + \omega_1^2 \left[T_2^2 + T_1 T_2 (1 - \sigma)\right]} \qquad (210)$$

wie folgt zusammenfassen

$$i_1(t) = 2 \cdot \mathrm{Re}\left\{\underline{I}_1'(t)\right\} = i_{T_1}(t) + i_{T_2}(t) + i_{stat}(t)$$
$$= I_{T_1} e^{p_1 t} + I_{T_2} e^{p_2 t} + \hat{I}_{stat}\, cos(\omega_1 t + \varphi_{\mathrm{I}} + \varphi_1) \quad . \qquad (211)$$

Der Zeitverlauf des Ständerstromes ist für einen Beispielmotor in Bild 31 in zwei unterschiedlichen Zeitmaßstäben wiedergegeben. Der mit der Hauptfeldzeitkonstanten abklingende Anteil i_{T_2} spielt offensichtlich kaum eine Rolle. Als Beispielmotor wurde ein fiktiver, stromverdrängungsfreier Käfigläufer gewählt, der aus einem realen Hochstabläufer so abgeleitet wurde, daß die stationären Werte für Anzugsstrom und Anzugsdrehmoment identisch sind.

Der Zeitverlauf des Ständerkurzschlußstromes wurde für den Hochstabläufer auch unter Berücksichtigung der Stromverdrängung mit den Beziehungen des Abschnittes 5.2 numerisch berechnet (Bild 33). Da die stationären Kurzschlußströme der beiden gerechneten Motorvarianten voraussetzungsgemäß übereinstimmen, ergibt die unter Berücksichtigung der Stromverdrängung durchgeführte numerische Rechnung mit $i_{Stoß} = 6.050$ A erwartungsgemäß keinen wesentlichen anderen Wert als die Rechnung für den stromverdrängungsfreien Motor mit $i_{Stoß} = 5.840$ A.

Das *Anzugsdrehmoment*

$$m(t) = p \cdot 3 \cdot N_2 \cdot M \cdot \mathrm{Re}\left\{j\underline{I}_1'^{\star} \cdot \underline{I}_2' e^{j\alpha_0}\right\} = M_A + m_1(t) + m_2(t) + m_3(t) \qquad (212)$$

führt nach Einfügen der SK der Ströme gemäß den Gln.(208) und (209) auf vier Anteile:

— das stationäre Anzugsdrehmoment

$$M_A = \frac{3pU_1^2(1 - \sigma)}{\sigma^2 L_1 L_2} \cdot \frac{\omega_1 \cdot R_2}{\left(p_1^2 + \omega_1^2\right) \cdot \left(p_2^2 + \omega_1^2\right)} \quad , \qquad (213)$$

— ein mit der Streufeld-Zeitkonstanten abklingendes, netzfrequentes Pendelmoment

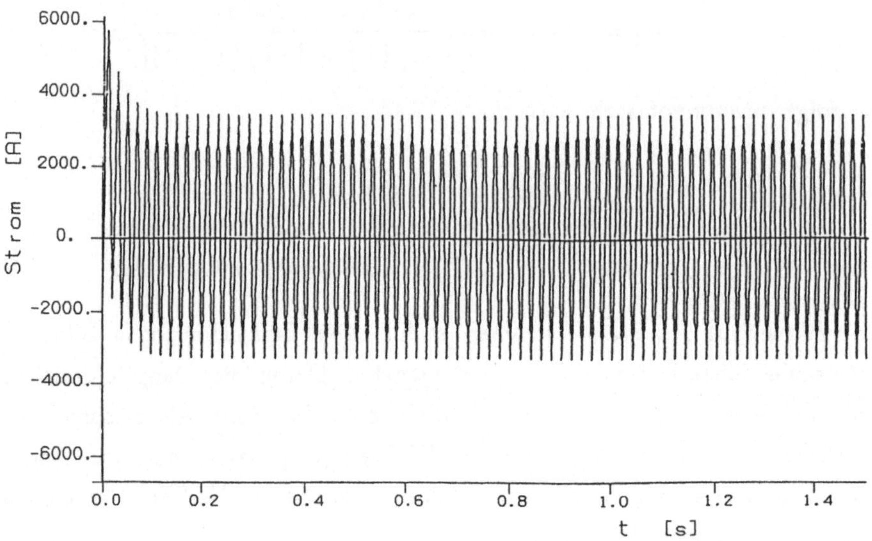

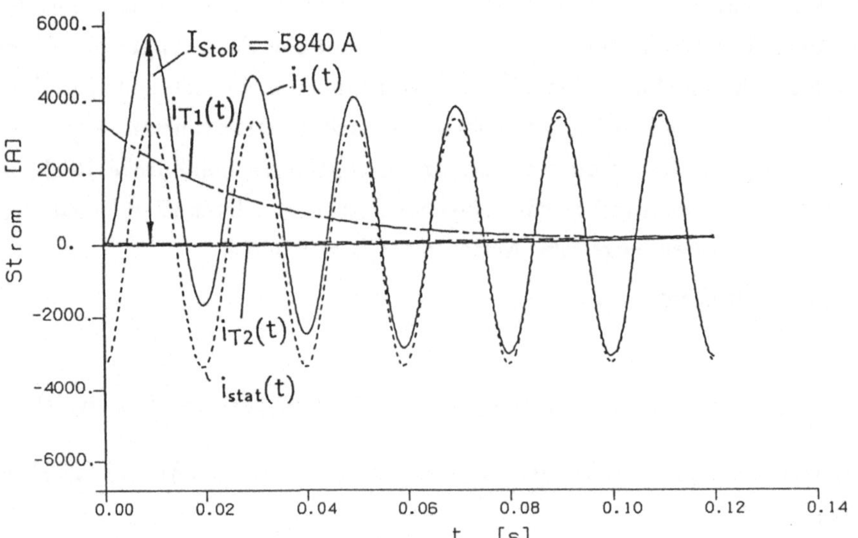

Bild 31: Strangstrom eines stromverdrängungsfreien Induktionsmotors mit festgebremstem Läufer beim Einschalten im Spannungsnulldurchgang

Käfigläufer 4000 kW, 6000 V, 50 Hz, 2p=4

$R_1 = 0,055\ \Omega$, $L_1 = 0,1132\ H$, $M = 0,4979 \cdot 10^{-3}\ H$

$R_2 = 0,1307 \cdot 10^{-3}\ \Omega$, $L_2 = 0,1404 \cdot 10^{-3}\ H$

$$m_1(t) = -M_A \left[\cos\omega_1 t + \frac{p_1 p_2 + \omega_1^2}{\omega_1 (p_1 - p_2)} \sin\omega_1 t \right] e^{p_1 t} \quad , \qquad (214)$$

- ein mit der Hauptfeld-Zeitkonstanten abklingendes, netzfrequentes Pendelmoment

$$m_2(t) = -M_A \left[\cos\omega_1 t - \frac{p_1 p_2 + \omega_1^2}{\omega_1 (p_1 - p_2)} \sin\omega_1 t \right] e^{p_2 t} \quad , \qquad (215)$$

- ein näherungsweise mit der Streufeld-Zeitkonstanten abklingendes asynchrones Drehmoment

$$m_3(t) = M_A \cdot e^{(p_1 + p_2)t} \quad . \qquad (216)$$

Die für den stromverdrängungsfreien Beispielmotor in zwei unterschiedlichen Zeitmaßstäben geplotteten Zeitverläufe nach Bild 32 verdeutlichen, daß im Zeitverlauf des Drehmomentes im Gegensatz zum Stromverlauf der mit der Hauptfeld-Zeitkonstanten abklingende Term m_2 eine beherrschende Rolle spielt. Das Stoßdrehmoment tritt deshalb wesentlich später auf (im Beispiel nach ca. 118 ms) als der Stromstoß (nach ca. 10 ms).

Aus den Gln.(212) bis (216) geht hervor, daß der Zeitverlauf des Luftspaltdrehmomentes unabhängig ist vom Einschaltphasenwinkel φ_1 und auch unabhängig von der Läuferlage α_0 beim Zuschalten. Diese Aussage gilt für alle dreipoligen Schaltvorgänge.

Mit der Abkürzung

$$\tan\gamma = \frac{p_1 p_2 + \omega_1^2}{\omega_1 (p_1 - p_2)} \qquad (217)$$

läßt sich das Luftspaltdrehmoment vereinfachen zu

$$m(t) = M_A \left[1 + e^{(p_1 + p_2)t} - \frac{e^{p_1 t}}{\cos\gamma} \cos(\omega_1 t - \gamma) - \frac{e^{p_2 t}}{\cos\gamma} \cos(\omega_1 t + \gamma) \right] . \qquad (218)$$

Für das *Stoßdrehmoment* gilt angenähert

$$M_{Stoß} \approx M_A \left(1 + \frac{1}{\cos\gamma} \right) \approx M_A \left(1 + \frac{1}{\cos\varphi_I} \right) \quad . \qquad (219)$$

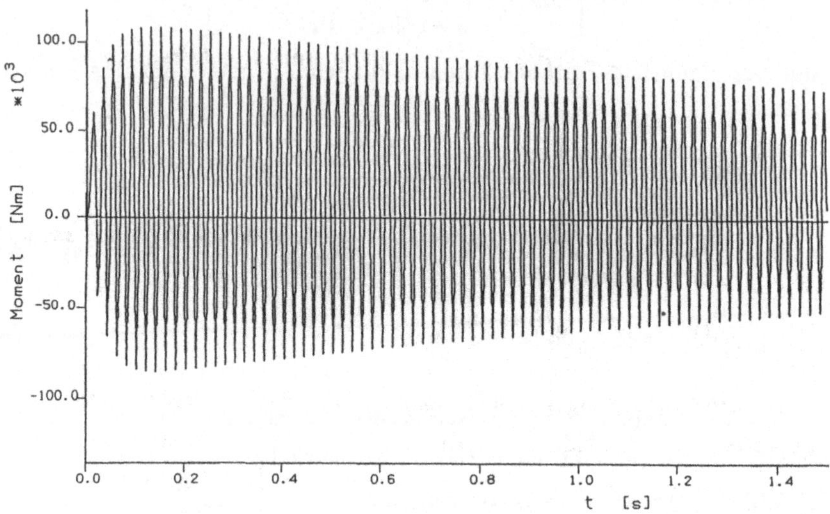

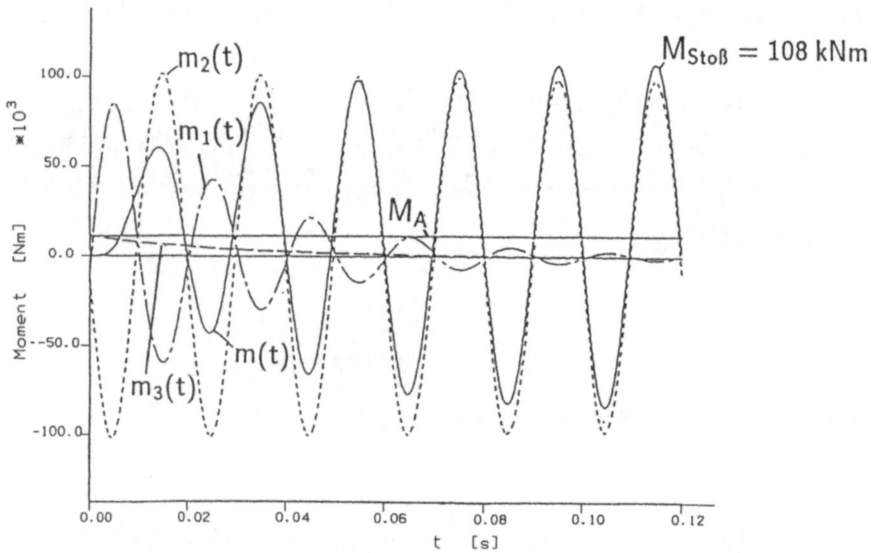

Bild 32: Luftspaltdrehmoment eines stromverdrängungsfreien Induktionsmotors mit festgebremstem Läufer beim Einschalten
Daten des Käfigläufers wie in Bild 31

Dieser Ausdruck stellt eine sehr gute Näherung dar [16] und läßt sich sehr einfach aus den beim Entwurf bekannten Beziehungen für das Anzugsmoment und den Leistungsfaktor im Stillstand errechnen.

Im Grenzfall der im Ständer widerstandslosen und streuungslosen Asynchronmaschine ($R_1 = 0$, $\sigma = 0$) wird $p_2 = 0$, $p_1 = -\infty$ und $cos\gamma = 1$, d.h. Gl.(219) vereinfacht sich zu

$$m(t) = M_A(1 - cos\omega_1 t) \quad , \quad M_{Stoß} = 2M_A \quad . \tag{220}$$

Das Stoßdrehmoment ist gleich dem zweifachen stationären Anzugsdrehmoment.

Da stromverdrängungsfreie Käfigläufer in der Praxis kaum vorkommen, besitzt die Näherungsbeziehung Gl.(219) keine große Bedeutung. Es stellt sich die Frage, ob diese Gleichung für die stromverdrängungsbehaftete Maschine einigermaßen genaue Ergebnisse liefert, wenn man für das Anzugsdrehmoment M_A und den Leistungsfaktor im Stillstand $cos\varphi_I$ die bei korrekter Berücksichtigung der stationären Stromverdrängung berechneten Werte einsetzt. Die mit dem Ersatzschaltbild 27 für den realen Hochstabläufer gerechneten Zeitverläufe des Strangstromes und des Luftspaltdrehmomentes sind in Bild 33 wiedergegeben. Die *Stromverdrängung nimmt auf das Stoßdrehmoment einen wesentlichen Einfluß.* Nach Bild 33 ist bei dem Beispielmotor, der wegen der Stabhöhe $T = 75$ mm eine für Hochstabläufer extrem hohe Stromverdrängung besitzt, das Stoßdrehmoment mit $M_{Stoß} = 52{,}2$ kNm weniger als halb so groß wie dasjenige $M_{Stoß} = 108$ kNm des stromverdrängungsfreien Motors mit dem gleichen stationären Anzugsdrehmoment. Die Rechnung nach Gl.(219) mit den stationären Werten des Hochstabläufers würde auf den völlig falschen Wert $M_{Stoß} = 113$ kNm führen. Das Stoßdrehmoment von Stromverdrängungsläufern kann nicht mit einer Näherungsformel, sondern muß numerisch bestimmt werden; für den Stoßstrom ist hingegen die Näherung $i_{Stoß} \approx 2 \cdot \sqrt{2} \cdot I_A$ zulässig .

5.5 Anlauf von drehstarr und drehelastisch gekuppelten Induktionsmotoren

Beim Hochlauf eines Antriebes ist der Umfangswinkel β zwischen den Bezugssträngen von Ständer und Läufer nach Gl.(134) eine zunächst unbekannte Funktion der Zeit. Die Berechnung von Ausgleichsvorgängen muß darum neben den Spannungsgleichungen

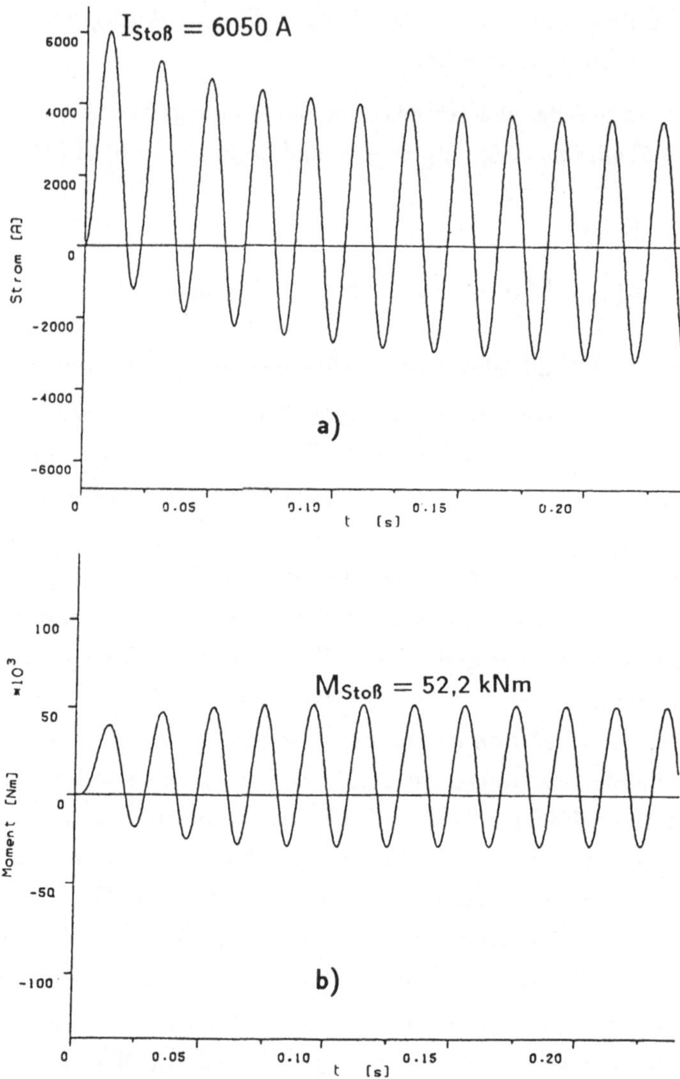

Bild 33: Strangstrom (a) und Luftspaltdrehmoment (b) eines Hochstabläufers mit festgebremstem Läufer beim Einschalten im Spannungsnulldurchgang Beispiel: Käfigläufer 4000 kW, 6000 V, 50 Hz, 2p=4, Hochstabläufer $R_1 = 0,055\ \Omega$, $L_1 = 0,1132$ H, $M = 0,4979 \cdot 10^{-3}$ H, Stabhöhe 75 mm; übrige Läuferdaten so, daß stationäre Werte I_a, M_a wie beim Motor nach den Bildern 31 und 32

die Bewegungsgleichung einbeziehen [17,18,19]. Der Wellenstrang läßt sich stets als n-Massenschwinger darstellen, d.h. er setzt sich aus n konzentriert angenommenen Massenträgheitsmomenten und den verbindenden Feder- und Dämpfungselementen zusammen. Bild 34 zeigt das mechanische Ersatzschaltbild für n = 3, d.h. mit einer zweistufigen Arbeitsmaschine.

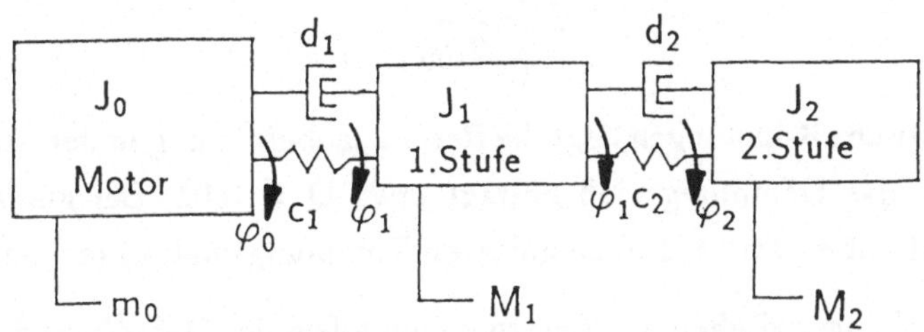

Bild 34: Mechanische Ersatzstruktur eines 3-Massenschwingers

Man muß den Wellenstrang umso feiner zergliedern, je genauer man die Beanspruchungen in den einzelnen Konstruktionsteilen berechnen will. Die Rückwirkungen zwischen den mechanischen und den elektromagnetischen Größen werden erfahrungsgemäß bereits bei einer Modellierung mit n = 2 ausreichend genau erfaßt.

Mit den Bezeichnungen von Bild 34 lauten die Gleichungen für das Momentengleichgewicht der drei Drehmassen

$$J_0 \cdot \dot{\omega}_0 = m_0 - c_1 \cdot (\varphi_0 - \varphi_1) - d_1 \cdot (\omega_0 - \omega_1) \tag{221}$$

$$J_1 \cdot \dot{\omega}_1 = c_1 \cdot (\varphi_0 - \varphi_1) + d_1 \cdot (\omega_0 - \omega_1) - M_1$$
$$- c_2 \cdot (\varphi_1 - \varphi_2) - d_2 \cdot (\omega_1 - \omega_2) \tag{222}$$

$$J_2 \cdot \dot{\omega}_2 = c_2 \cdot (\varphi_1 - \varphi_2) + d_2 \cdot (\omega_1 - \omega_2) - M_2 \quad . \tag{223}$$

Die Federmomente sind in den Gln.(221) bis (223) ausschlagproportional angesetzt, d.h. es sind lineare Kupplungskennlinien unterstellt. In der Praxis sind auch andere Verläufe möglich und natürlich auch darstellbar.

Die Dämpfungsmomente sind geschwindigkeitsproportional angesetzt. Im Maschinenbau geht man mangels genauerer Kenntnisse über die Dämpfungsmechanismen in den Verbindungselementen, insbesondere in den Kupplungen, meist von dieser Annahme aus.

Die Dämpfungskoeffizienten d müssen durchweg aus dem Dämpfungsmaß D errechnet werden, denn dieses ist aus Versuchen bekannt oder kann geschätzt werden. Die Größe D(auch Lehr'sches Dämpfungsmaß genannt) ist definiert aus der Überhöhung η_0 einer erzwungenen Schwingung bei der Resonanzfrequenz des ungedämpften Systems:

$$D = \frac{1}{2\,\eta_0} \quad . \tag{224}$$

Für metallelastische Kupplungen liegt die Resonanzüberhöhung in der Größenordnung $\eta_0 = 50$, d.h. das Dämpfungsmaß beträgt etwa $D = 0{,}01$. Bei gummielastischen Kupplungen ist mit einem ca. 10fach größeren Dämpfungsmaß zu rechnen.

Der Zusammenhang zwischen den beiden Kenngrößen der Dämpfung d und D ergibt sich in Strenge für einen Zweimassenschwinger zu

$$d = D \cdot \frac{2 \cdot c}{\omega_{krit.}} \qquad (\omega_{krit.} = 2\pi n_{krit.} = \text{Eigenkreisfrequenz}) \quad . \tag{225}$$

Für mehrgliedrige Schwinger mit der kleinsten torsionskritischen Drehzahl $n_{krit.1}$ wird der Dämpfungskoeffizient d_k der k-ten Übertragungsstelle des mechanischen Systems üblicherweise aus der Beziehung

$$d_k = D \cdot \frac{c_k}{\pi \cdot n_{krit.1}} \tag{226}$$

bestimmt,in welcher c_k die Drehfederzahl der k-ten Übertragungsstelle darstellt.

Die Gegenmomente der Arbeitsmaschinen liegen als Funktionen der Winkelgeschwindigkeit in Form der Kennlinien-Stützwerte oder in seltenen Fällen auch als analytische Funktionen vor.

Bei Ausgleichsvorgängen mit stromverdrängungsfreien Käfigläufern, bei denen sich der mechanische Wellenstrang als Dreimassenschwinger darstellen läßt, muß somit das System der Differentialgleichungen Gln.(166) bis (168), (221) bis (223) gelöst werden. Bei Stromverdrängungsläufern ist anstelle der Gl.(167) der Ersatz-Kettenleiter nach Bild 27 zu berücksichtigen.

Als erster Schaltvorgang mit variabler Drehzahl soll der sog. *Schwungmassenanlauf* behandelt werden, welcher durch $M_1 = M_2 = 0$, $c_1 = c_2 = \infty$, $d_1 = d_2 = 0$

gekennzeichnet ist. Für $J_1 = J_2 = 0$ geht der Schwungmassenanlauf in den sog. *Leeranlauf* eines Motors über.

Dieser Leeranlauf führt zu den Zeitverläufen des Stromes im Bezugsstrang, dem Luftspaltdrehmoment und der Drehzahl gemäß Bild 35.

Bei den Rechnungen wurde Schalten im Nulldurchgang der Spannung am Bezugsstrang unterstellt. Der Strom enthält das volle Gleichstromglied und unterscheidet sich nicht wesentlich von dem Stromverlauf bei festgebremstem Läufer (Bild 33).

Auch die dem mittleren Anzugsdrehmoment überlagerten netzfrequenten Pendelmomente entsprechen dem Zeitverlauf des Luftspaltdrehmomentes mit festgebremstem Läufer.Sie ziehen aufgrund der geringen Massenträgheit kleine Drehzahlpendelungen nach sich.

Die Zeitverläufe des Luftspaltdrehmomentes und der Drehzahl zeigen auffällige Schwingungen von geringer Frequenz kurz vor dem Ende des Anlaufvorganges; die Drehzahl schwingt offensichtlich über den Synchronismus hinaus. Diese Erscheinung hängt mit der Eigenschaft der Induktionsmaschine zusammen, ähnlich wie eine Gleichstrommaschine (vgl. Abschnitt 3.4) aufgrund der inneren elektromagnetischen Vorgänge wie eine Drehfeder zu wirken. Wenn man die elektromagnetische Drehfederzahl mit c_e bezeichnet, so besitzen die beim Leeranlauf auftretenden Eigenschwingungen die Frequenz

$$f_e = \frac{1}{2\pi} \cdot \sqrt{\frac{c_e}{J_0}} \quad . \tag{227}$$

Wie bei der Gleichstrommaschine ist die elektromagnetische Drehfederzahl c_e klein, und deshalb stellt sich eine kleine Frequenz ein. In der Nähe des Synchronismus führen die ohmschen Wicklungswiderstände zum Abklingen der selbsterregten Schwingungen. Mit Hilfe von heuristischen Lösungsansätzen kann man die den Bewegungsvorgang beschreibenden Differentialgleichungssysteme abschnittsweise linearisieren und so analytische Ausdrücke für die elektromagnetische Drehfederzahl c_e und einen elektromagnetischen Dämpfungskoeffizienten d_e freistellen [20]. Der Dämpfungskoeffizient d_e kann in bestimmten Drehzahlbereichen sogar negativ werden und bei fehlenden mechanischen Dämpfungen Anfachungen verursachen. In Bild 36a ist der Leeranlauf in Form des Drehmoment-Drehzahl-Schaubildes dargestellt. Der spiralige Einlauf in den Synchronismus kennzeichnet das Überschwingen. Bild

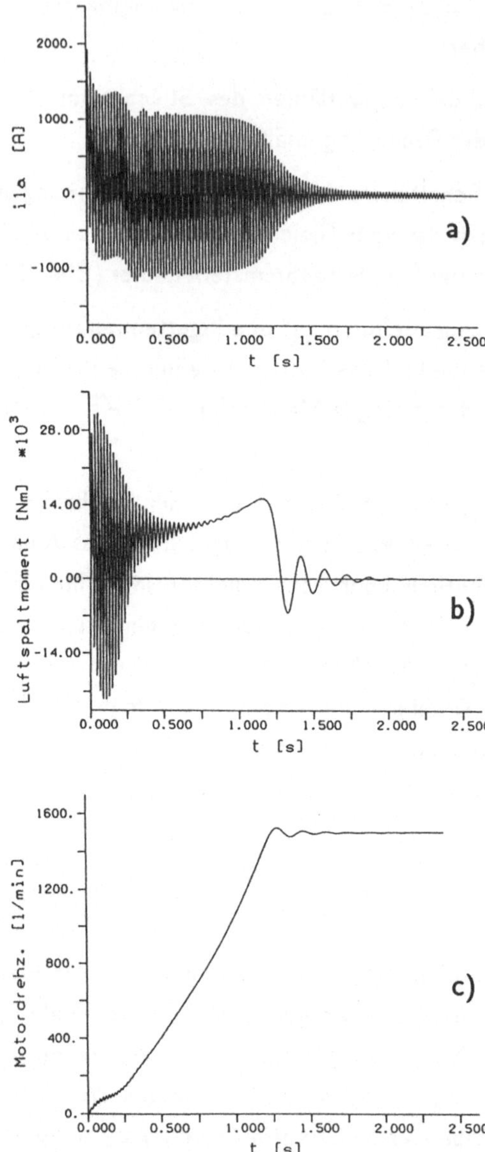

Bild 35: Leeranlauf eines Hochstabläufers, Einschalten im Nulldurchgang der Spannung des Bezugsstranges
Beispiel: 2.600 kW, 10 kV, 50 Hz, 2p=4, 179 A , 1492 min^{-1},
$cos\varphi$ =0,88, J_0 =76 kg·m^2
a) Strom im Ständer-Bezugsstrang   b) Luftspaltdrehmoment
c) Drehzahl

36b zeigt die Drehmoment-Drehzahl-Kennlinie für einen Schwungmassenanlauf mit einem Fremdträgheitsmoment, das zehnmal so groß ist wie das des Motorläufers. Die Anlaufzeit erhöht sich gegenüber dem Leeranlauf von 2 s auf 12 s.

Wegen des langsameren Hochlaufes sind die durch die elektromagnetischen Ausgleichsvorgänge beim Einschalten erregten netzfrequenten Pendelmomente schon bei kleineren Drehzahlen abgeklungen. Beim Vergleich der Kennlinien ist das höhere "dynamische Kippmoment" bei dem Schwungmassenanlauf besonders auffällig. Je größer die zu beschleunigende Schwungmasse ist, desto stärker nähert sich die Kennlinie derjenigen des quasistationären Anlaufes an. Die transienten Drehmoment-Drehzahl-Kennlinien nach Bild 36 besitzen keine Aussagefähigkeit über das Anlaufvermögen des betrachteten Motors gegenüber einem bestimmten Gegenmoment; zur Beurteilung des Anlaufvermögens muß stets die quasistationäre Kennlinie herangezogen werden.

Die Zeitverläufe der bei einem Leer- bzw. Schwungmassen-Anlauf berechneten Größen ändern sich prinzipiell nicht, wenn das Gegenmoment der Arbeitsmaschine von Null verschieden ist. Auf ein Beispiel eines solchen Antriebes soll darum verzichtet werden.Bislang nicht behandelte physikalische Erscheinungen treten jedoch auf, wenn ein Motor mit einer Arbeitsmaschine drehelastisch gekuppelt wird. Die Größe der Drehfederzahl hängt von der verwendeten Kupplung ab; selbst bei Starrflansch-Kupplungen sind Motor und Arbeitsmaschine aufgrund der endlichen Flächenträgheitsmomente der Wellen elastisch verbunden. Eine starre Kupplung gibt es somit, streng genommen, gar nicht; der Begriff "starre Kupplung" wird in der Antriebstechnik dann benutzt, wenn die kleinste torsionskritische Drehzahl des mechanischen Systems weit oberhalb der Frequenzen von anregenden Pendelmomenten und auch der Drehzahlfrequenz liegt. Für einen ungefesselten Zweimassenschwinger beträgt die Frequenz der mechanischen Eigenschwingung bekanntlich

$$f_{krit.} = \frac{1}{2\pi}\sqrt{\frac{c_1}{\frac{J_0 \cdot J_1}{J_0 + J_1}}} \quad . \tag{228}$$

Für den bereits den Bildern 35 und 36 zugrunde gelegten Beispielmotor wurde der Anlauf aus dem Stillstand als drehelastisch gekuppelter Zweimassenschwinger mit dem Massenträgheitsmoment der Arbeitsmaschine $J_1 = 350$ kg·m^2 und der torsionskritischen Drehzahl nach Gl.(228) $f_{krit.} = 16$ Hz gerechnet (Bild 37).

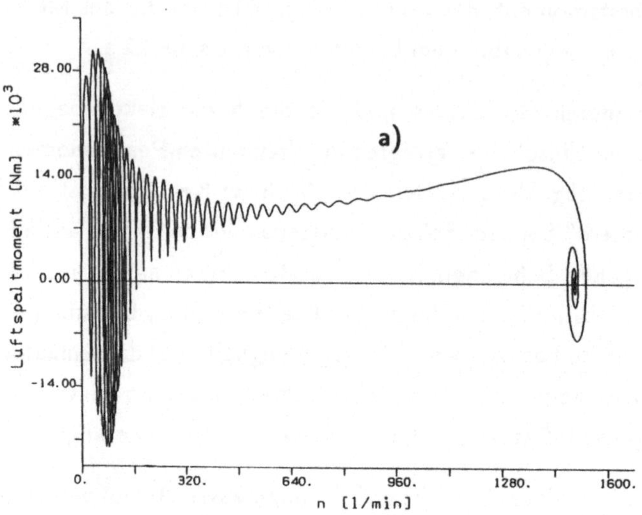

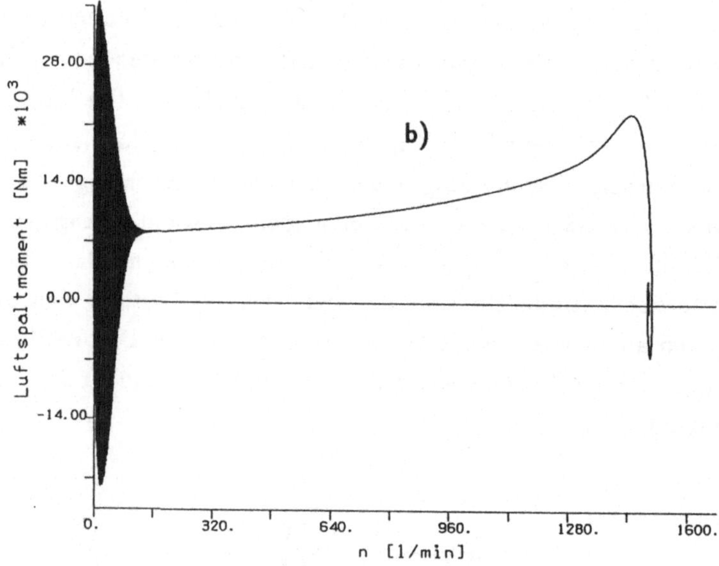

Bild 36: "Dynamische" Drehmoment-Drehzahl-Kennlinien beim Anlauf eines unbelasteten Hochstabläufers

Motordaten wie in Bild 35

a) $J_1=0$, Leeranlauf, Anlaufzeit $t_A = 2s$

b) $J_1=760\,kg \cdot m^2 = 10 \cdot J_0$, Schwungmassenanlauf, $t_A = 12s$

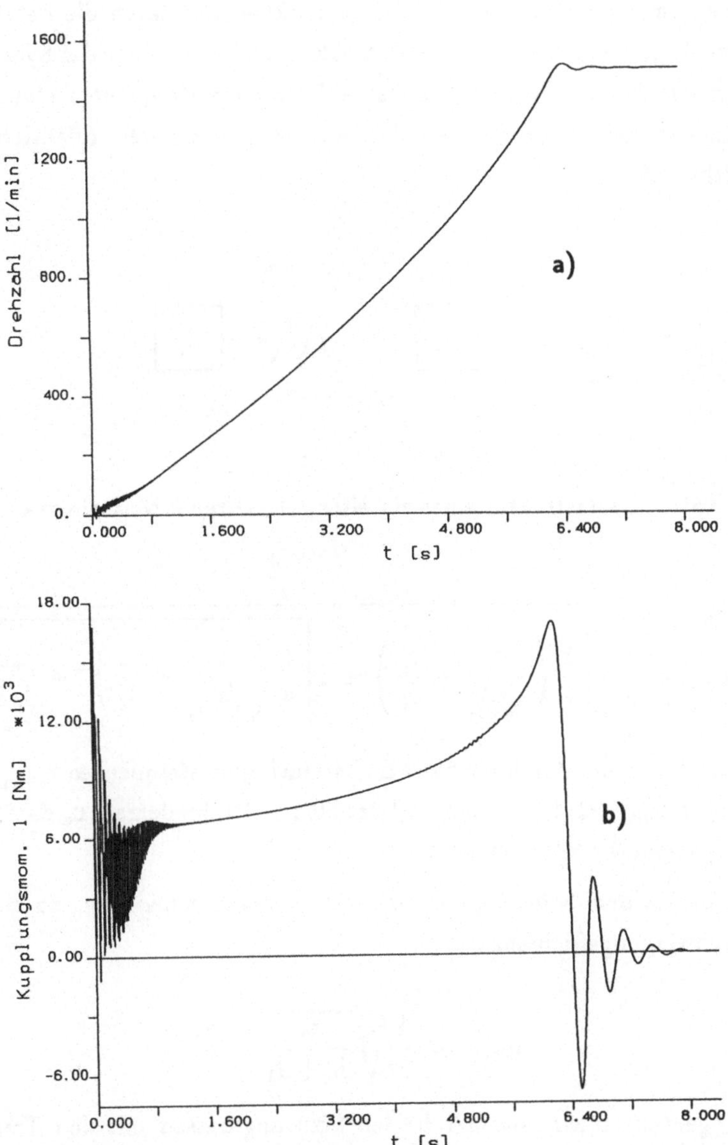

Bild 37: Zeitverläufe von Drehzahl (a) und Kupplungsdrehmoment (b) beim Anlauf eines Antriebes mit drehelastischer Kupplung
Beispiel: Hochstabläufer wie in Bild 35
$J_1 = 350\,\text{kg·m}^2$, $f_{krit.} = 16\,\text{Hz}$, $D = 0{,}1$

Das Dämpfungsmaß wurde mit $D = 10\%$ ziemlich groß gewählt. Im Kupplungs-Drehmoment machen sich kurz nach dem Einschalten Wechselmomente der mechanischen Eigenschwingungsfrequenz 16 Hz bemerkbar, die durch die netzfrequenten Pendelmomente angeregt werden und rasch abklingen. In der Nähe des Synchronismus tritt ähnlich wie beim Schwungmassenanlauf ein niederfrequentes Überschwingen auf. Das Eigenschwingungsverhalten des Antriebes entspricht offensichtlich dem Ersatzschaltbild 38.

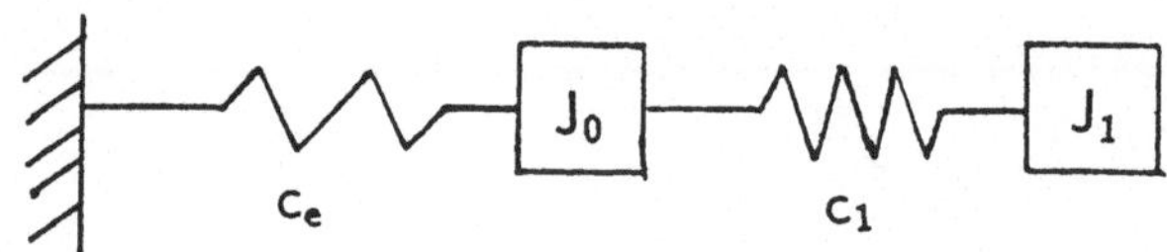

Bild 38: Ersatzstruktur eines einseitig gefesselten 2-Massenschwingers

$$f_{krit.1,2} = \frac{1}{2\pi} \sqrt{ \frac{1}{2}\left(\frac{c_1}{\frac{J_0 \cdot J_1}{J_0 + J_1}} + \frac{c_e}{J_0} \right) \pm \sqrt{ \frac{1}{4}\left(\frac{c_1}{\frac{J_0 \cdot J_1}{J_0 + J_1}} + \frac{c_e}{J_0} \right)^2 - \frac{c_e c_1}{J_0 J_1} } }$$

Das Systemverhalten ist durch die zwei Eigenschwingungsfrequenzen $f_{krit.1,2}$ charakterisiert. Wegen $f_{krit.1} \ll f_{krit.2}$ aufgrund der kleinen Drehfederzahl c_e darf man diese Eigenschwingungen wie folgt betrachten:

– Wenn die beiden Schwungmassen im Gleichtakt schwingen, so beträgt die Eigenschwingungsfrequenz

$$f_{krit.1} \approx \frac{1}{2\pi} \sqrt{ \frac{c_e}{J_0 + J_1} } \quad . \tag{229}$$

– Der Gegentaktschwingung der beiden Schwungmassen mit den Trägheitsmomenten J_0 und J_1 entspricht die Eigenschwingungsfrequenz nach Gl.(228).

$$f_{krit.2} \approx \frac{1}{2\pi} \sqrt{ \frac{c_1}{\frac{J_0 \cdot J_1}{J_0 + J_1}} }$$

Die höchste Beanspruchung in der Kupplung entsteht nach Bild 37 kurz nach dem Einschalten und im dynamischen Kippunkt, das Stoßdrehmoment liegt jedoch mit $M_{K_{max}} = 16,9 kNm = 1,03 \cdot M_N$ nur knapp über dem Bemessungsdrehmoment.

Wenn der gleiche Antrieb unter der Annahme verschwindender mechanischer Dämpfung (D = 0) anläuft, so entsteht ein völlig andersartiger Zeitverlauf des Kupplungs-Drehmomentes (Bild 39).

Die Wechselmomente mit der Frequenz 16 Hz erstrecken sich mit großen Amplituden über die gesamte Anlaufzeit. Insbesondere die höchste Kupplungsmomentspitze $M_{K_{max}}$ =48,3 kNm nach t = 5 s kann nicht mit der Anregung durch elektromagnetische Wechselmomente erklärt werden, denn diese sind zu diesem Zeitpunkt längst abgeklungen. Die größte Drehmomentspitze tritt bei der mechanischen Drehfrequenz $f = f_{krit.}$ auf. Die Erscheinung hängt damit zusammen, daß die elektromagnetische Dämpfung im Bereich um diese Drehzahl negativ ist. Aufgrund der zu Null unterstellten mechanischen Dämpfung entsteht eine *Laufinstabilität*. Nähere Untersuchungen zeigen jedoch, daß die Drehmomentüberhöhungen bereits bei mechanischen Dämpfungen in der Größenordnung D = 1% - kleinere Dämpfungen treten bei Industrieantrieben nicht auf - nur noch gering sind[21]. Deshalb sind Laufruhestörungen oder andere Schädigungen im Zusammenhang mit der bereichsweise negativen elektromagnetischen Dämpfung in der Praxis nur in seltenen Ausnahmefällen bekannt geworden.

Die simultane Lösung der Spannungs- und Bewegungs-Differentialgleichungen stößt in der Praxis mitunter auf Schwierigkeiten. Wenn der Motorhersteller mit der Durchführung der Rechnungen betraut ist, so enthält seine Programmbibliothek in der Regel nur begrenzte Möglichkeiten zur Nachbildung des Wellenstranges, z.B. hinsichtlich der Zahl der Wellenelemente, der Federkennlinien der Verbindungsglieder, der Berücksichtigung von Losen in Kupplungen oder Getrieben, der Erfassung von Dämpfungen usw.. Bei Beauftragung des Arbeitsmaschinenherstellers steht dieser vor der Schwierigkeit, den Motor sachgerecht zu simulieren. Aus diesen technischen und aus Wettbewerbsgründen wurden verschiedene Lösungen vorgeschlagen, durch Auftrennung des Gesamtsystems eine klarere Verantwortungsabgrenzung und eine bessere Zuordnung der technischen Zuständigkeiten zu erreichen. Im Maschinenbau bedient man sich z.B. häufig analytischer Ersatzfunktionen für das Luftspaltdrehmoment, die als Störgrößen auf das mechanische System geschaltet werden. Bei diesem Vorgehen werden jedoch die Rückkopplungen zwischen den elektromagnetischen und den mechanischen Ausgleichsvorgängen unzulässig verfälscht. Denn Drehzahländerungen

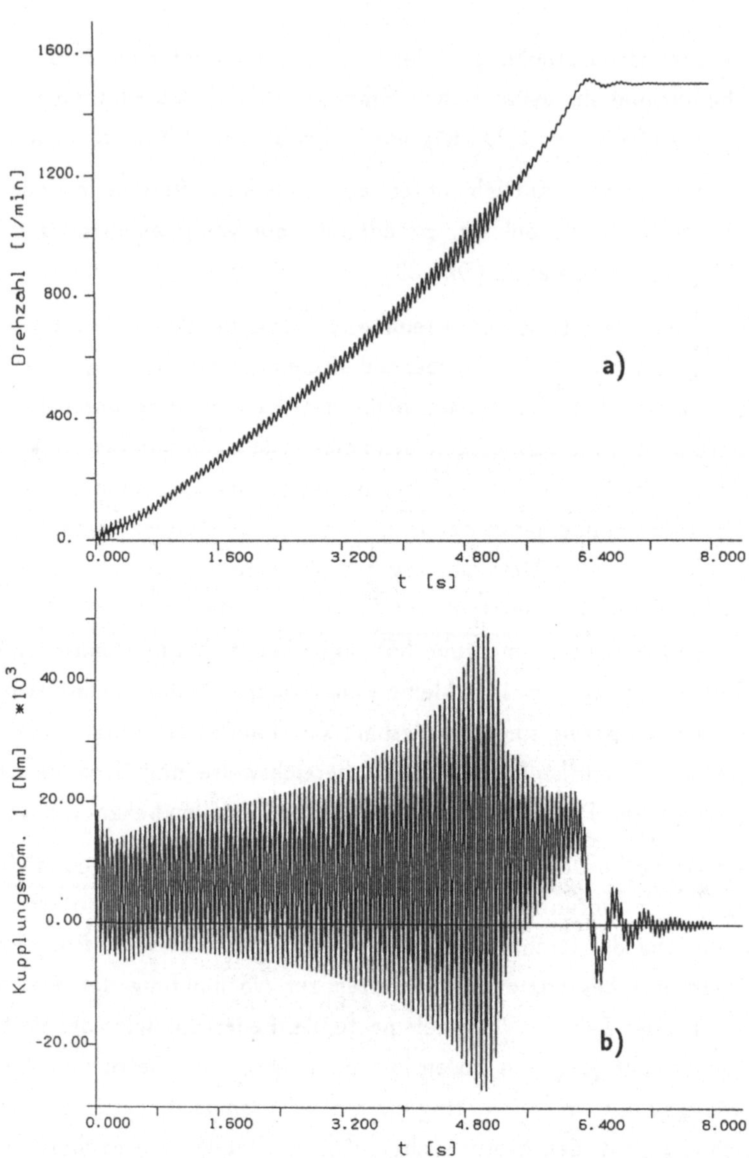

Bild 39: Zeitverläufe von Drehzahl (a) und Kupplungsdrehmoment (b) beim Anlauf eines Antriebes mit drehelastischer Kupplung
Beispiel: Hochstabläufer wie in Bild 35
$J_1 = 350 \, \text{kg·m}^2$, $f_{krit.} = 16 \, \text{Hz}$, $D=0$

des mechanischen Systems wirken auf die in den Wicklungen des Antriebsmotors induzierten Spannungen zurück, und zeitliche Änderungen der Motorströme bewirken Veränderungen des am Wellenstrang angreifenden Luftspaltdrehmomentes.

Zur Lösung der Schnittstellenproblematik kann man den Rechnungsgang in zwei Teilschritte aufteilen:

a)   Die Spannungs- und Bewegungsgleichungen werden simultan mit einem auf einen Zweimassenschwinger reduzierten Wellensystem gelöst. Das dabei erhaltene Luftspaltdrehmoment wird in seinen Stützstellen abgespeichert.

b)   Das bei dem Rechnungsgang nach a) erhaltene Luftspaltdrehmoment wird als Störfunktion auf den in allen Einzelheiten nachgebildeten Wellenstrang geschaltet.

Parametervariationen an vielen Beispielantrieben ergaben für alle vorkommenden Schaltvorgänge eine sehr gute Übereinstimmung der Stoßdrehmomente in allen Verbindungsgliedern des Wellenstranges zwischen den Ergebnissen der zweistufigen Ersatzrechnung und der Simultanrechnung des Originalsystems [22].

5.6   Klemmenkurzschlüsse

Die mechanische Konstruktion elektrischer Maschinen muß auch im Hinblick auf die bei Fehlern auftretenden Beanspruchungen ausgelegt werden. Zu den möglichen Fehlerfällen zählen Klemmenkurzschlüsse, die gleichzeitig Netzkurzschlüsse darstellen. Die dreipoligen sind von den zweipoligen Kurzschlüssen zu unterscheiden; einpolige Kurzschlüsse können unbeachtet bleiben, da der Sternpunkt bei Asynchronmotoren selten herausgeführt und nie belastet wird. In Bild 40 sind die verschiedenen Schaltvorgänge skizziert.

Die Netzimpedanz ist mit Z_N bezeichnet. Ihre Größe nimmt nur bei dem unter b behandelten zweipoligen Klemmenkurzschluß Einfluß auf die Ausgleichsvorgänge im Motor. Man kann aber auch beim dreipoligen Kurzschluß eine den Klemmen ferne Kurzschlußstelle näherungsweise durch eine fiktive Vergrößerung des ohmschen Widerstandes und der Streuinduktivität der Ständerwicklung simulieren.

In der Praxis ist die Meinung weit verbreitet, daß in bezug auf die Drehmomente der zweipolige Klemmenkurzschluß einen gefährlicheren Ausgleichsvorgang darstellt als der dreipolige. Man leitet diese Ansicht aus Analogien zum Stoßkurzschluß von

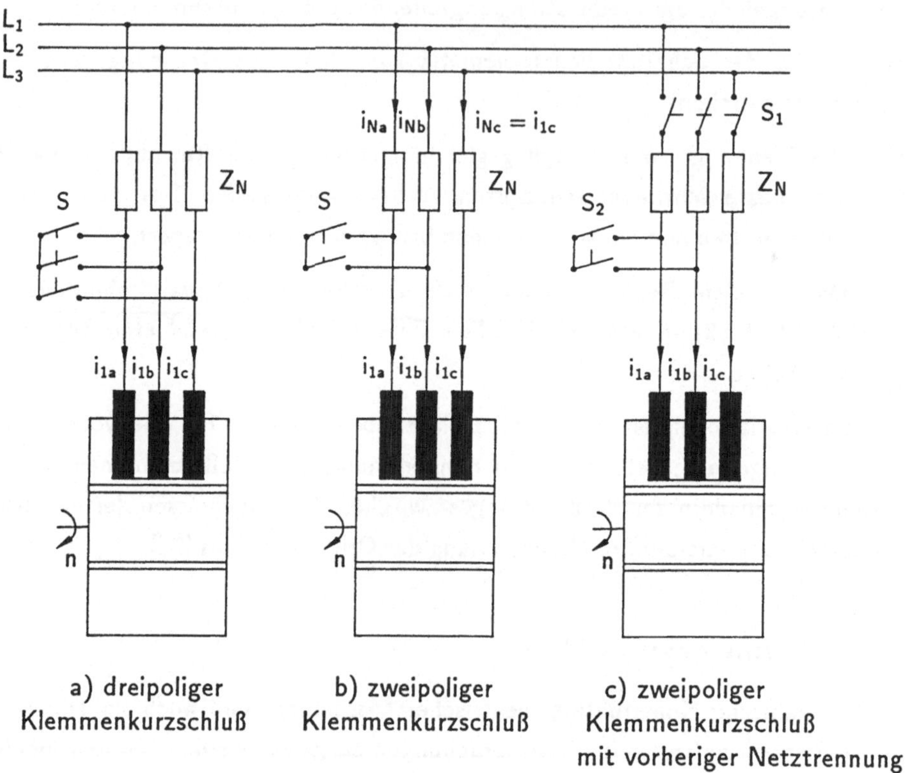

Bild 40:   Klemmenkurzschlüsse bei Induktionsmaschinen

synchron laufenden Synchrongeneratoren her, bei denen das zweipolige Kurzschließen auf ein mit dem Faktor 1,3 größeres Drehmoment führt als der dreipolige Kurzschluß [23].

Diese Analogie zur Synchronmaschine wird durch die eher fiktive Schalthandlung nach Bild 40c hergestellt. Die am Netz liegende Asynchronmaschine wird durch Öffnen des Schalters S1 kurzzeitig vom Netz getrennt und unmittelbar nach dieser Trennung zwischen zwei Strängen kurzgeschlossen. Während der kurzen Zeitspanne (sie kann rechnerisch auf wenige ms begrenzt werden), in der die Ständerwicklung stromlos ist, übernimmt die Läuferwicklung das resultierende Luftspaltfeld, welches wegen der kurzgeschlossenen Käfigwicklung stetig an den vorangegangenen stationären Betrieb anschließen muß. Wegen der Netztrennung streben auch nach dem Schließen des Schalters S2 alle Ströme, das Luftspaltmoment und die Drehzahl dem Endwert Null zu.

Beim realen zweipoligen Klemmenkurzschluß nach Bild 40b ist zumindest der eingeschwungene Zustand ein anderer, denn solange Schutzeinrichtungen des Netzes den betrachteten Zweig nicht abschalten, liegt der Motor nach Schließen des Schalters S quasi als Einphasenmotor am Netz.

Der *dreipolige Klemmenkurzschluß* läßt sich aus dem System der Spannungs- und Bewegungsdifferentialgleichungen des jeweiligen Antriebes mit den Anfangsbedingungen des vorangegangenen stationären Betriebes und mit $U_1' = 0$ berechnen. Bei den *zweipoligen Klemmenkurzschlüssen* treten zu den Spannungs- und Bewegungsgleichungen die Verknüpfungsgleichungen der jeweiligen Schaltung, die man aus Bild 40 ablesen kann.

Als Beispiel wird der gleiche Gebläseantrieb wie in Abschnitt 5.5 behandelt. Die Gegenmomentkennlinie des Gebläses, die wie bei den meisten Ausgleichsvorgängen keinen wesentlichen Einfluß auf die Stoßwerte in den ersten Perioden nach dem Kurzschließen nimmt, geht aus Bild 41 hervor.

Für den *zweipoligen Klemmenkurzschluß am Netz* (Bild 40b) führt die Knotenregel am Schalter S auf

$$i_{Na} + i_{Nb} = i_{1a} + i_{1b} \quad . \tag{230}$$

Die Spannungsgleichung für die kurzgeschlossenen Netzstränge L1 und L2 lautet

$$u_{L1\,L2} = R_N \cdot (i_{Na} - i_{Nb}) + L_N \cdot \left(\frac{di_{Na}}{dt} - \frac{di_{Nb}}{dt} \right) \tag{231}$$

und für die Netzstränge L1, L3

$$u_{L1\,L3} = R_N \cdot (i_{Na} - i_{1c}) + L_N \left(\frac{di_{Na}}{dt} - \frac{di_{1c}}{dt} \right) + u_{1a} - u_{1c} \quad . \tag{232}$$

Für die über den Schalter S kurzgeschlossenen Ständerstränge a und b des Motors gilt schließlich

$$u_{1a} - u_{1b} = 0 \quad . \tag{233}$$

Für den *zweipoligen Klemmenkurzschluß mit vorheriger Netztrennung* ist durch Schaltungszwang nach dem Öffnen des Schalters S1 der Strom im Motorstrang c $i_{1c} = 0$. Für die Spannungen der Motorstränge a und b gilt die Gl.(233).

Die Stoßdrehmomente im Luftspalt und in der Kupplung sind für jeweils zwei unterschiedliche Werte des Dämpfungsmaßes ($D = 0,01$ und $D = 0,1$) in Tafel 3 zusammengestellt.

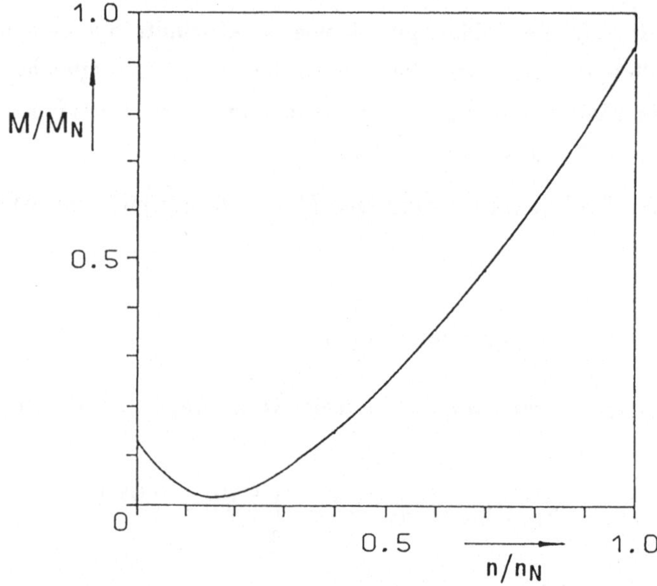

Bild 41: Drehmoment-Drehzahl-Kennlinie des Gebläses (Massenträgheitsmoment $J_1 = 350\ \text{kg} \cdot \text{m}^2$) für den 2.600-kW-Beispielantrieb
Motordaten siehe Bild 35

Schaltvorgang	$M_{St\,M} / M_N$		$M_{St\,K} / M_N$	
	$D = 0{,}1$	$D = 0{,}01$	$D = 0{,}1$	$D = 0{,}01$
dreipoliger Klemmen-kurzschluß	4,72	4,72	2,04	2,2
zweipoliger Klemmen-kurzschluß am Netz	6,07	6,07	1,77	1,87
zweipoliger Klemmen-kurzschluß mit vor-heriger Netztrennung	6,35	6,35	1,73	1,79

Tafel 3: Zusammenstellung der Stoßdrehmomente im Luftspalt $M_{St\,M}$ und in der Kupplung $M_{St\,K}$ für unterschiedliche Werte des Dämpfungsmaßes D und unterschiedliche Kurzschlußarten

Daten des Beispielantriebes siehe Bilder 35 und 41

Da die torsionskritische Drehzahl des Antriebes $f_{krit.} = 16$ Hz $= 960\,\text{min}^{-1}$ weit von den im anregenden Luftspaltdrehmoment vorkommenden Pendelmomentfrequenzen entfernt liegt, nimmt die Dämpfung keinen sehr wesentlichen Einfluß auf die Stoßmomente. Bei resonanznaher Anregung wäre dies durchaus anders, doch solche Auslegungen sind wegen der unvermeidlichen Ungenauigkeiten in der Vorausberechnung ohnehin zu vermeiden. *Die Wahl der Dämpfung stellt generell kein geeignetes konstruktives Hilfsmittel dar, um Drehmomentüberhöhungen im Wellenstrang zu vermeiden.*

Beim *dreipoligen Klemmenkurzschluß* ist bei dem Beispielantrieb das Stoßdrehmoment im Luftspalt, das als Maß für die Anforderungen an die Gehäusekonstruktion und an die Fundamentbefestigung gelten kann, mehr als doppelt so groß wie das in der Kupplung.

Die Zeitverläufe der Drehmomente nach Bild 42 enthalten im Luftspalt netzfrequente und in der Kupplung Pendelmomente der mechanischen Eigenschwingungsfrequenz. Beide Drehmomente klingen auf Null ab.

In den Rechnungen wurde unterstellt, daß der Kurzschluß im Nulldurchgang der Strangspannung u_{1a} eingeleitet wurde; für die Zeitverläufe der Drehmomente ist dies

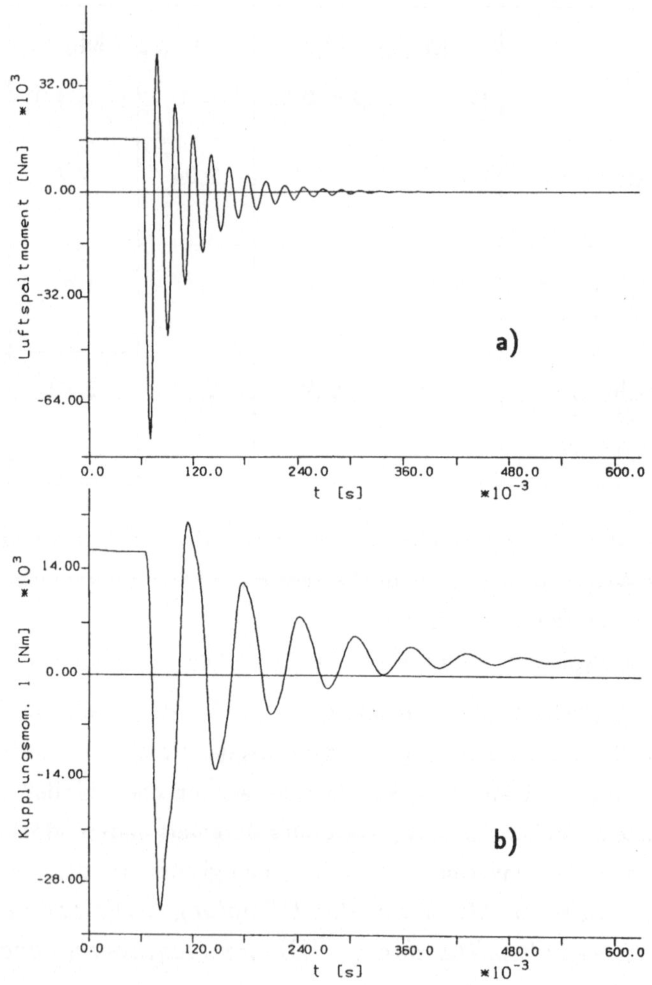

Bild 42: Zeitverläufe des Luftspalt- (a) und des Kupplungsdrehmomentes (b) beim 3-poligen Klemmenkurzschluß für D=0,1
Beispielantrieb nach Bildern 35 und 41

jedoch ohne Bedeutung, denn sie hängen wie bei allen dreipoligen Schaltvorgängen nicht vom Zeitaugenblickswert der Spannung im Schaltmoment ab.

Bei einem *unsymmetrischen Kurzschluß* hängen die Stoßdrehmomente hingegen vom Schaltaugenblick ab. Eine Parametervariation zeigt [24], daß bei dem Beispielantrieb ein flaches Maximum des Kupplungsmomentes beim Kurzschluß im Nulldurchgang der Spannung zwischen den Strängen a und b auftritt. Für diesen

Schaltphasenwinkel gelten die in Tafel 3 zusammengestellten Ergebnisse.

Die Netzimpedanz Z_N wurde bei den Rechnungen zu Bild 40b gemäß einer Netzkurzschlußleistung von 375 MVA gewählt, d.h. es wurde der Betrieb an einem vergleichsweise harten Netz unterstellt.

Bild 43 zeigt für den *zweipoligen Klemmenkurzschluß am Netz* mit $D = 0{,}1$ den Zeitverlauf des Motor- und des Kupplungsdrehmomentes bei einem Kurzschluß aus dem vorangegangenen Bemessungsbetrieb.

Der Zeitverlauf des Luftspaltmomentes während der ersten Perioden ist ähnlich wie beim dreipoligen Kurzschluß durch netzfrequente Pendelmomente geprägt, doch danach überlagern sich wachsende Pendelmomente von doppelter Netzfrequenz als typisches Kennzeichen eines Einphasenmotors. Der Verlauf des Kupplungsmomentes läßt wiederum in erster Linie Wechselmomente von der Frequenz der Torsionseigenfrequenz des Wellenstranges erkennen.

Was die Höhe der maximalen Beanspruchungen angeht, so weist Tafel 3 aus, daß die für die Konstruktion des Gehäuses und der Fundamentbefestigung wichtigen Stoßdrehmomente im Luftspalt unabhängig von der mechanischen Dämpfung des Wellenstranges das 6,35-fache Motorbemessungsmoment ausmachen und somit mit dem Faktor 1,35 größer sind als beim dreipoligen Klemmenkurzschluß. Die erwähnte Analogie zur Synchronmaschine ist also auch beim Kurzschlußfall b quantitativ in grober Näherung zulässig. Der zweipolige Klemmenkurzschluß stellt für den Ständer eine härtere Beanspruchung dar als der dreipolige.

Die Aussage ist nicht übertragbar auf das Stoßdrehmoment in der Kupplung. Bei dem Beispielantrieb liegen die Beanspruchungen je nach mechanischer Dämpfung um 10 bis 20 % niedriger als beim dreipoligen Kurzschluß. Es bleibt festzuhalten, daß die der Konstruktion zugrunde zulegende Wellenbeanspruchung beim zweipoligen Klemmenkurzschluß nicht einer simplen Umrechnung aus den Werten des dreipoligen Kurzschlusses entnommen werden kann, sondern im Einzelfall numerisch errechnet werden muß. Bei fachmännischer Bemessung des Wellenstranges treten in der Kupplung beim zweipoligen Kurzschluß kleinere Drehmomente auf als beim dreipoligen.

Der Zeitverlauf des Luftspaltdrehmomentes beim *zweipoligen Klemmenkurzschluß mit vorheriger Netztrennung* und $D = 0{,}1$ in Bild 44 sieht qualitativ deutlich anders aus als beim zweipoligen Klemmenkurzschluß ohne vorangegangene Netztrennung.

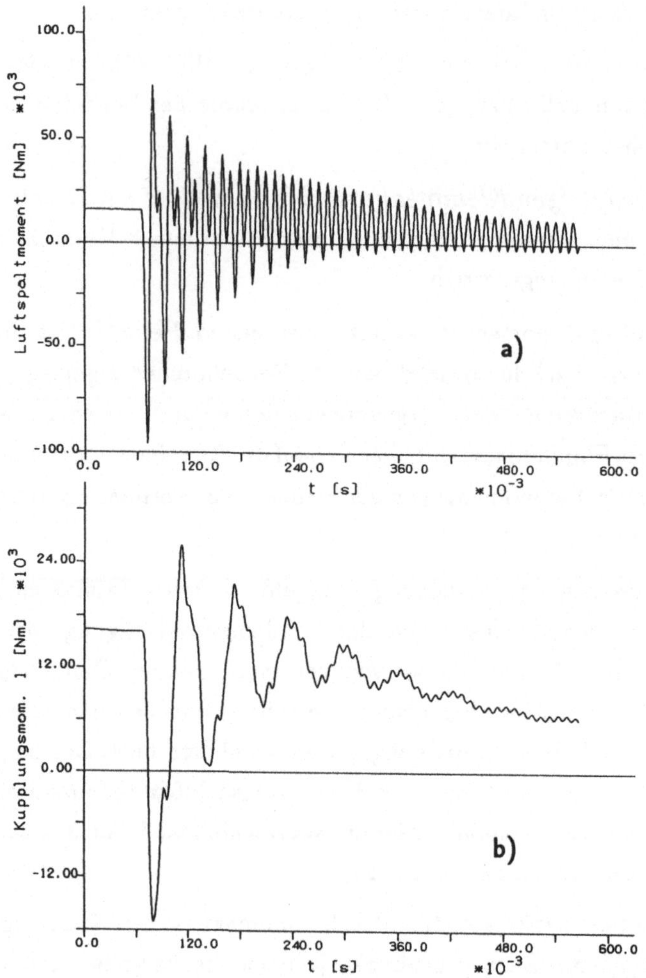

Bild 43: Zeitverläufe des Luftspalt- (a) und des Kupplungsdrehmomentes (b) beim
2-poligen Klemmenkurzschluß am Netz für D=0,1
Schaltaugenblick: Nulldurchgang der Klemmenspannung u_{1ab}
Beispielantrieb nach Bildern 35 und 41

Die Pendelmomente von doppelter Netzfrequenz sind nur schwach ausgeprägt, weil
die erregenden Ströme aufgrund der Netztrennung gegen Null streben.

Die Stoßdrehmomente treten in allen Fällen bereits nach einer halben Periode auf.
Hiermit hängt es offensichtlich zusammen, daß trotz des deutlich unterschiedlichen
weiteren Zeitverlaufes der Drehmomente in den Stoßdrehmomenten der beiden Arten

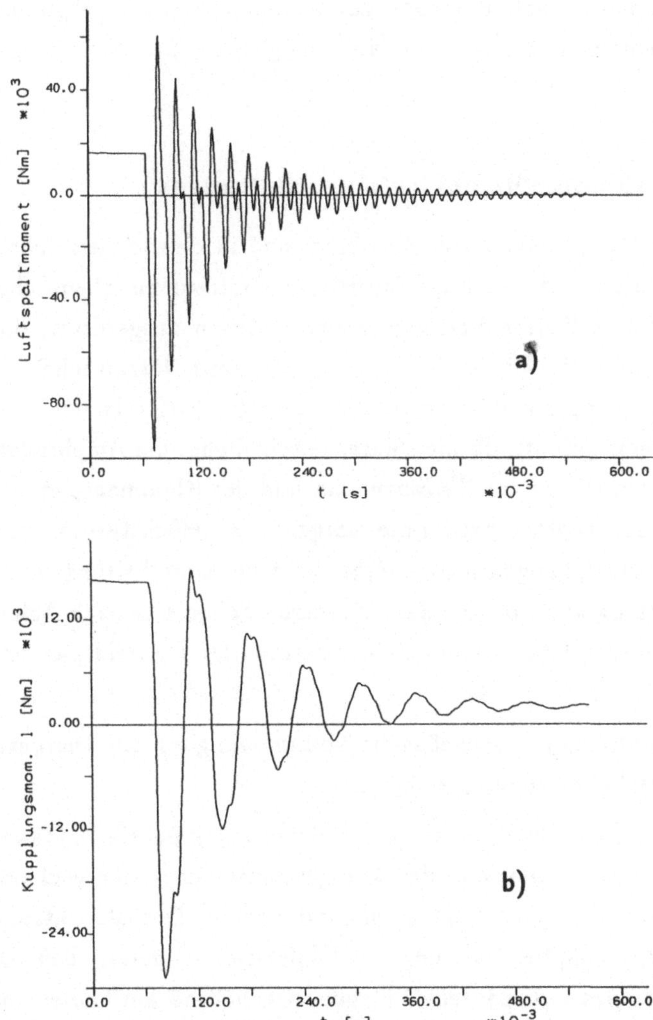

Bild 44: Zeitverläufe des Luftspalt- (a) und des Kupplungsdrehmomentes (b) beim 2-poligen Klemmenkurzschluß mit vorheriger Netztrennung für D=0,1

Schaltaugenblick: Nulldurchgang der Klemmenspannung u_{1ab}

Beispielantrieb nach Bildern 35 und 41

eines zweipoligen Klemmenkurzschlusses nach Tafel 3 keine gravierenden Unterschiede auszumachen sind. Deshalb sind alle für den zweipoligen Klemmenkurzschluß am Netz gezogenen Schlußfolgerungen auf den jetzt betrachteten Ausgleichsvorgang übertragbar, und dieser könnte auch durchaus zur experimentellen Überprüfung der beim zweipoligen Klemmenkurzschluß am Netz möglichen Beanspruchungen herangezogen werden.

5.7 Ströme und Drehmomente bei Netzumschaltungen

Die Anforderungen an die Verfügbarkeit von Antrieben sind in den letzten Jahren ständig gewachsen. Deshalb sind viele wichtige Antriebe in Kraftwerken, chemischen Anlagen usw. mit doppelt installierten Versorgungseinrichtungen ausgerüstet, d.h. beim Ausfall eines Netzes wird der Antrieb in einer sog. Kurzzeit-Netzumschaltung auf eine aus einem anderen Netz gespeiste Sammelschiene umgeschaltet. Hierbei wird durch ein elektronisches Gerät geprüft, ob die Phasenverschiebung, die Amplituden- und die Frequenz-Differenz zwischen der Netzspannung und der Klemmenspannung (sog. *Restfeldspannung*) des Motors bestimmte vorgegebene Höchstwerte nicht überschreiten. Ist eine der Bedingungen nicht erfüllt, geht die Umschaltung in die sog. Langzeit-Netzumschaltung über, bei der das Wiederzuschalten erst nach Ablauf einer bestimmten Zeit oder nach Unterschreiten einer bestimmten Restfeldspannung erfolgt.

Die Untersuchungen dieses Abschnittes schließen die Netztrennung mit ein. Hierunter versteht man das Wiederzuschalten an das gleiche Netz.

Wenn ein Motor vom Netz getrennt wird, so ist die Ständerwicklung bei einem idealen Schalter augenblicklich stromlos. Das mit der kurzgeschlossenen Läuferwicklung verkettete Luftspaltfeld kann sich aber nicht sprunghaft ändern. Deshalb entsteht im Schaltaugenblick eine sprunghafte Änderung des Läuferstromes derart, daß das Luftspaltfeld stetig verläuft. Das Luftspaltfeld " klebt" anschließend am Läufer und klingt nach einer e-Funktion mit der Zeitkonstanten $T_2 = \frac{L_2}{R_2}$ der Läuferwicklung auf Null ab. Durch dieses sog. *Läuferrestfeld* werden in den offenen Strängen der Ständerwicklung die sog. Restfeldspannungen induziert, welche Drehzahlfrequenz besitzen. Die Drehzahl des Antriebes ändert sich nach dem Trennen des Motors vom Netz nach Maßgabe des Gegenmomentes der Arbeitsmaschine und des resultierenden Massenträgheitsmomentes.

Die beim Wiederzuschalten des Motors ans Netz auftretenden Ausgleichsvorgänge hängen von der Größe und Phasenlage der vom Läuferrestfeld induzierten Spannung im Schaltaugenblick im Vergleich zur Netzspannung ab [25,26]. Bezüglich der Ströme und der hieraus resultierenden Kräfte auf die Wickelköpfe liegt der kritische Moment etwa bei "Phasenopposition" vor. Der im Sprachgebrauch oft mißverständlich benutzte Begriff "Phasenopposition" soll durch eine Rechnung erläutert werden.

Zur Rechnungsvereinfachung wird unterstellt, daß die Maschine in Ständer und Läufer widerstandslos ist ($R_1 = R_2 = 0$); außerdem wird die Drehzahl während der betrachteten Zeitspanne als konstant unterstellt ($\omega_m = 2\pi n = $ konst.).

Während der Umschaltzeit, in welcher der betrachtete Motor vom Netz getrennt ist, sei die Strangspannung des Netzes durch die Gleichung

$$u_1 = -\sqrt{2} \cdot U_1 \cdot \cos(\omega_1 \cdot t - \varphi_1) \longrightarrow \underline{U}_1' = -\frac{U_1}{\sqrt{2}} e^{j(\omega_1 t - \varphi_1)} \tag{234}$$

und die Restfeldspannung durch die Gleichung

$$u_R = \sqrt{2} \cdot U_R \cdot \cos(p\omega_m \cdot t - \varphi_R) \longrightarrow \underline{U}_R' = \frac{U_R}{\sqrt{2}} e^{j(p\omega_m t - \varphi_R)} \tag{235}$$

gekennzeichnet. Der Zeitverlauf der Mitkomponente des bezogenen Läuferstromes folgt aus der Spannungsgleichung des Ständers

$$\underline{U}_R' = \frac{d\underline{\psi}_{1a2}'}{dt} = \frac{d}{dt}\left(\frac{N_2}{2}M \cdot \underline{\tilde{I}}_2'\right) \longrightarrow \underline{\tilde{I}}_2' = \frac{U_R}{\sqrt{2}} \cdot \frac{e^{j(p\omega_m t - \varphi_R)}}{jp\omega_m \frac{N_2}{2}M} \tag{236}$$

Der Motor soll zum Zeitpunkt $t = 0$ wieder ans Netz geschaltet werden. Dann lauten die Spannungsgleichungen im Zeitbereich mit den Gln.(167) und (168):

$$t>0: \qquad \underline{U}_1' = L_1 \cdot \frac{d\underline{I}_1'}{dt} + \frac{N_2}{2}M \cdot \frac{d\underline{\tilde{I}}_2'}{dt} \tag{237}$$

$$0 = -jp\omega_m L_2 \cdot \underline{\tilde{I}}_2' + L_2 \cdot \frac{d\underline{\tilde{I}}_2'}{dt} - jp\omega_m \cdot \frac{3}{2}M \cdot \underline{I}_1' + \frac{3}{2}M \cdot \frac{d\underline{I}_1'}{dt} \tag{238}$$

und im Bildbereich

$$-\frac{U_1}{\sqrt{2}} \cdot \frac{e^{-j\varphi_1}}{p - j\omega_1} + \frac{N_2}{2}M \cdot \tilde{\underline{I}}_2'(-\Delta t) = \mathcal{L}(\underline{I}_1') \cdot pL_1 + \mathcal{L}(\tilde{\underline{I}}_2') \cdot p\frac{N_2}{2}M \quad (239)$$

$$L_2 \cdot \tilde{\underline{I}}_2'(-\Delta t) = \mathcal{L}(\underline{I}_1') \cdot \frac{3}{2}M(p - j\tilde{p}\omega_m) + \mathcal{L}(\tilde{\underline{I}}_2') \cdot L_2 \cdot (p - j\tilde{p}\omega_m) \quad .(240)$$

In Gl.(240) ist die Polpaarzahl zur Unterscheidung von dem Laplace-Operator p ausnahmsweise mit $\tilde{p}$ bezeichnet.

Die Auflösung dieses algebraischen Gleichungssystems und die Rücktransformation in den Zeitbereich liefert den Ständerstrom nach dem Wiederzuschalten

$$i_1(t) = -\frac{\sqrt{2}U_1}{\sigma\omega_1 L_1} \cdot \{ sin(\omega_1 t - \varphi_1) + sin\varphi_1 \}$$
$$-\frac{\sqrt{2}U_R}{\sigma \cdot p\omega_m \cdot L_1} \cdot \{ sin(p\omega_m t - \varphi_R) + sin\varphi_R \} \quad (241)$$

In Gl.(241) ist die Ziffer der Gesamtstreuung gemäß Gl.(203) eingeführt. Das volle Gleichstromglied tritt in beiden Termen von Gl.(241) für $\varphi_1 = \frac{\pi}{2}$ und $\varphi_R = \frac{\pi}{2}$, d.h. beim *Wiederzuschalten im Nulldurchgang der beiden Spannungen mit entgegengesetztem Gradienten*, auf. Ohne diese Präzisierung wäre der Begriff Phasenopposition bei zwei Spannungen von unterschiedlicher Frequenz unklar und mißverständlich.

Der maximale Stoßstrom ergibt sich nach Gl.(241), wenn die beiden maximalen Teilströme zum gleichen Zeitpunkt fließen, d.h. für $p\omega_m = \omega_1$. Dann gilt zum Zeitpunkt $t = \frac{\pi}{\omega_1}$

$$i_{1Sto\beta} = -\sqrt{2} \cdot I_{1k} \cdot 2 \cdot \left(1 + \frac{U_R}{U_1}\right) \qquad \text{mit} \quad I_{1k} = \frac{U_1}{\sigma \cdot \omega_1 L_1} \quad (242)$$

Bild 45 gibt die Ergebnisse einer numerischen Rechnung für einen konkreten Antrieb wieder, bei dem der endliche Läuferwicklungswiderstand während der Umschaltzeit ein Abklingen des Läuferrestfeldes bewirkt, und bei dem unter der abbremsenden Wirkung der Arbeitsmaschine auch eine Drehzahländerung eintritt. Die Rechnung wurde für $\frac{U_{Rest}}{U_N} = 0{,}5$ durchgeführt, was wegen der sich ändernden Drehzahl nicht gleichzusetzen ist mit $\frac{\phi_{Rest}}{\phi_N} = 0{,}5$. Auch beim realen Antrieb stellt sich der maximale Stoßstrom für $\varphi_R + \varphi_1 = \pi$ ein. Dieses Kriterium muß deshalb der Berechnung der Wickelkopfabsteifung aus den Stromkräften als ungünstigste Randbedingung zugrunde gelegt werden.

Der in Bild 45 behandelte Antrieb besteht aus einem Käfigläufer mit einem Hochstab aus Leitbronze, der über eine schwach gedämpfte Metallkupplung (mit K indiziert) ein zweistufiges Gebläse (mit Zwischenwelle W) antreibt. Bei elastisch gekuppelten Antrieben spielt auch die mechanische Anfangslage in der Kupplung beim Wiederzuschalten für die anschließenden Ausgleichsvorgänge eine Rolle, allerdings nur, wenn die Umschaltzeit so kurz bzw. die Kupplungsdämpfung so gering ist, daß die Drehschwingungen im Moment des Wiederzuschaltens noch nicht abgeklungen sind. Eine Parametervariation des vorliegenden Antriebes wies den maximalen Verdrehwinkel der Kupplung als ungünstigstes mechanisches Umschaltkriterium aus. Diese Feststellung darf jedoch nicht auf andere Antriebe übertragen werden, sondern bedarf der Überprüfung im Einzelfall.

Das Schaubild 45 weist aus, daß es keinen Zuschaltphasenwinkel als "worst case" für alle Größen gibt. Die Drehmomente erreichen ihr Maximum bei dem Beispielantrieb für $\Delta\varphi = 110°$ bis $120°$. Der betreffende Winkel kann nicht aus einer analytischen Gleichung errechnet werden, er liegt erfahrungsgemäß im Bereich $100°$ bis $140°$. Da die Kurven generell wie in Bild 45 flach verlaufen, müssen nicht viele numerische Durchläufe zum Auffinden der Stoßdrehmomente durchgeführt werden.

Das Luftspaltdrehmoment M_M ist maßgebend für die Reaktionskräfte, nach denen die Ständerkonstruktion und die Fundamentbefestigung zu bemessen sind. Bei drehelastisch gekuppelten Antrieben kann man aus dem Luftspaltdrehmoment nicht unmittelbar auf die Drehmomente im Wellenstrang schließen. Bei dem in Bild 45 behandelten Antrieb ist die Welle zwischen den Gebläsestufen besonders hoch belastet: Das Stoßdrehmoment beträgt das 9,7fache Motor-Bemessungsmoment und ist ca. 19 mal so groß wie im Nennbetrieb, denn beide Gebläsestufen übertragen etwa die Hälfte des Motormomentes.

Die Zeitverläufe der einzelnen Größen sind in Bild 46 wiedergegeben. Die Restfeldspannung u_R springt beim Abschalten aus dem vorhergehenden Nennbetrieb um den Spannungsfall an der Ständerstreureaktanz und dem Ständerwiderstand und klingt

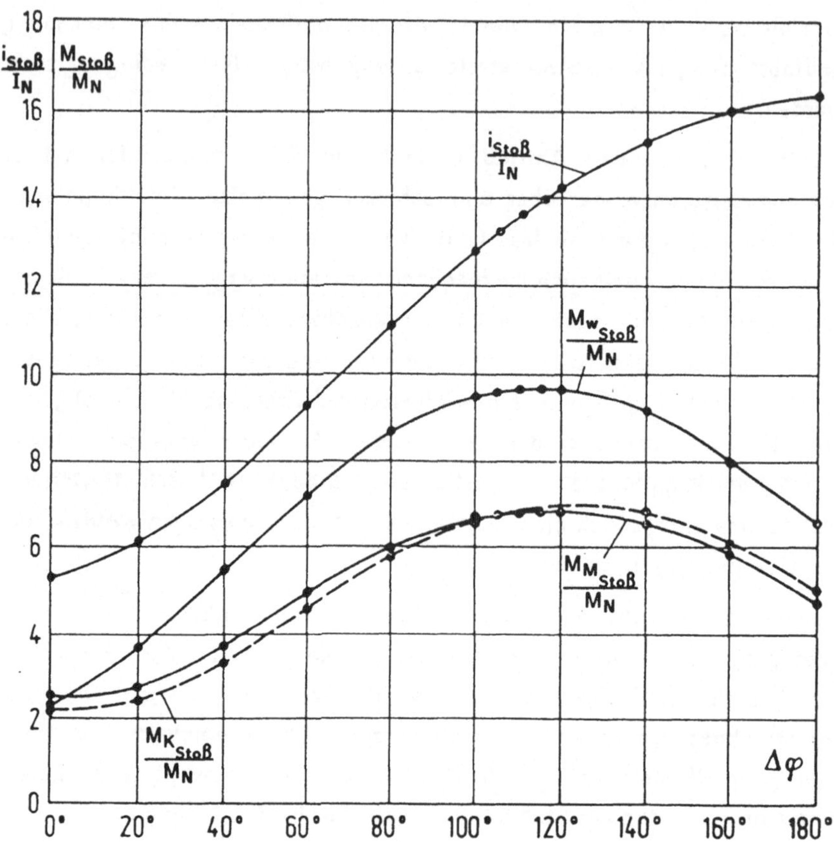

Bild 45: Stoßdrehmomente und Stoßströme bei der Netzumschaltung mit $\frac{U_{Rest}}{U_N} = 0{,}5$ in Abhängigkeit vom Schaltphasenwinkel $\Delta\varphi = \varphi_R + \varphi_1 = \frac{\pi}{2} + \varphi_1$ nach dem Wiederzuschalten

Beispielantrieb: Käfigläufer 4.000 kW, 10.000 V, 50 Hz, 2p=6 zweistufiges Gebläse ($f_{01} = 14{,}6\,Hz$, $f_{02} = 18{,}5\,Hz$, $D = 0{,}01$) Strom $i_{Stoß}$, Luftspaltdrehmoment $M_{M_{Stoß}}$, Kupplungsdrehmoment $M_{K_{Stoß}}$, Gebläsedrehmoment $M_{w_{Stoß}}$ gelten für $t_U = 381\,ms$, $\Delta\varphi_{Kuppl.} = \Delta\varphi_{Kuppl.\,max} = 0{,}1657°$ Bezugsgrößen: Motorbemessungsmoment $M_N = 36{,}7\,kNm$, Motorbemessungsstrom $I_N = 270\,A$

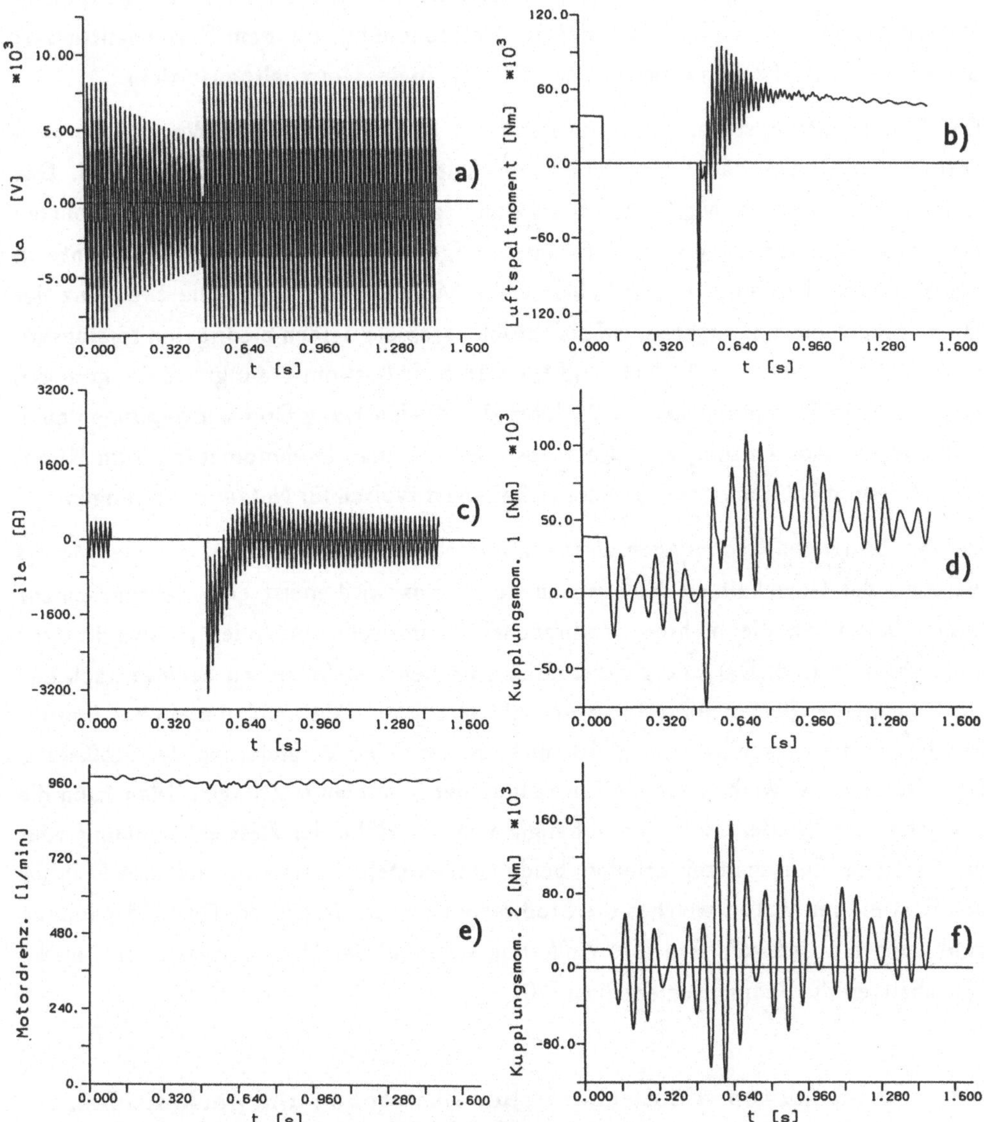

Bild 46: Zeitverläufe aller wichtigen Größen bei der Netzumschaltung mit

$t_u = 400$ ms, $\Delta\varphi = 180°$, $\Delta\varphi_{\text{Kuppl.}}$ zufällig

Beispielantrieb: siehe Bild 45

a) Motor-Strangspannung   b) Luftspaltdrehmoment

c) Motor-Strangstrom   d) Kupplungsdrehmoment 1

e) Drehzahl   f) Kupplungsdrehmoment 2 (Gebläsewelle)

dann nach Maßgabe des Läuferrestfeldes und der Drehzahl bis zum Umschaltaugenblick ab; danach ist sie identisch mit der Netzspannung. Bei dem Beispielantrieb ist der Abfall der Drehzahl n wegen $J_A = 16{,}2 \cdot J_M$ in der Umschaltpause klein.

Der Ständer-Strangstrom i_{1a} ist während der Umschaltzeit Null. Wegen $\Delta\varphi = \pi$ enthält der Strom nach dem Wiederzuschalten das volle Gleichstromglied. Das Luftspaltdrehmoment M_M enthält netzfrequente Pendelmomente von erheblicher Amplitude, die jedoch wegen der Massenträgheit nicht auf die Drehmomente in der Kupplung M_K und in der Gebläsewelle M_W durchschlagen. Die Frequenz der Drehmomentschwankungen ist offensichtlich durch die beiden niedrigsten torsionskritischen Drehzahlen $f_{01} = 14{,}6$ Hz und $f_{02} = 18{,}5$ Hz bestimmt. Aufgrund der geringen mechanischen Dämpfung $D = 0{,}01$ führt der Wellenstrang Drehschwingungen auch während der Abschaltung vom Netz aus. Der negative Drehmomentstoß im Kupplungsdrehmoment nach dem Wiederzuschalten ist typisch für Netzumschaltungen.

Bei den bisherigen Rechnungen wurde unterstellt, daß der Ständerstrom des Motors während der Umschaltzeit Null ist. In der Praxis wird meist eine Sammelschiene umgeschaltet, an die mehrere Verbraucher (motorische und/oder passive Lasten) angeschlossen sind. Der Energieaustausch zwischen den Antrieben bewirkt nach den Untersuchungen [27] in erster Linie eine Abkürzung der Zeit, nach der ein bestimmtes Restfeld in der Maschine erreicht ist, nicht so sehr eine Veränderung der Stoßwerte. Diese Aussage ist wichtig für die Einstellung der Schutzeinrichtungen. Man kann die Freigabe zum Wiederzuschalten abhängig von der Höhe der Restfeldspannung oder der Größe der Umschaltzeit erteilen; beide Größen stellen kein unmittelbares Maß für das Restfeld im Motor, welches die Stoßwerte bedingt, dar. In die Restfeldspannung geht auch die Drehzahl und ihre Änderung während der Umschaltpause ein, in die Umschaltzeit die Sammelschienenlast [28].

5.8 Aufschalten von mechanischen Laststößen und periodischen Lastmomenten

Das hergeleitete Differentialgleichungssystem für die Verknüpfung der elektromagnetischen und mechanischen Größen eines Antriebes kann auch dazu benutzt werden, die Wirkung von mechanischen Lastschwankungen zu berechnen, mit denen der Antrieb ab einem bestimmten Zeitpunkt beaufschlagt wird und deren Zeitverlauf bekannt ist. Ein Beispiel hierfür ist der plötzliche Lastabwurf, bei dem das Belastungsdrehmoment des Motors von einer bestimmten stationären Größe schlagartig auf Null abfällt. Zu diesem Kapitel zählen aber auch die Vorgänge, welche im Zusammenwirken mit Arbeitsmaschinen auftreten, deren Belastungsdrehmoment periodischen Schwankungen unterliegt, wie z.B. bei Kolbenverdichtern oder Webstühlen.

Bei den zuletzt genannten Antrieben kann das Berechnungsverfahren auch zur genauen Ermittlung des Betriebsverhaltens im eingeschwungenen Zustand eingesetzt werden, denn die Einschwingzeitkonstanten, mit denen das elektrische System auf den mechanisch eingeleiteten Ausgleichsvorgang reagiert, sind durchweg klein. Als Beispiel hierfür wird ein Kolbenverdichterantrieb mit dem Drehmomentverlauf nach Bild 47 behandelt.

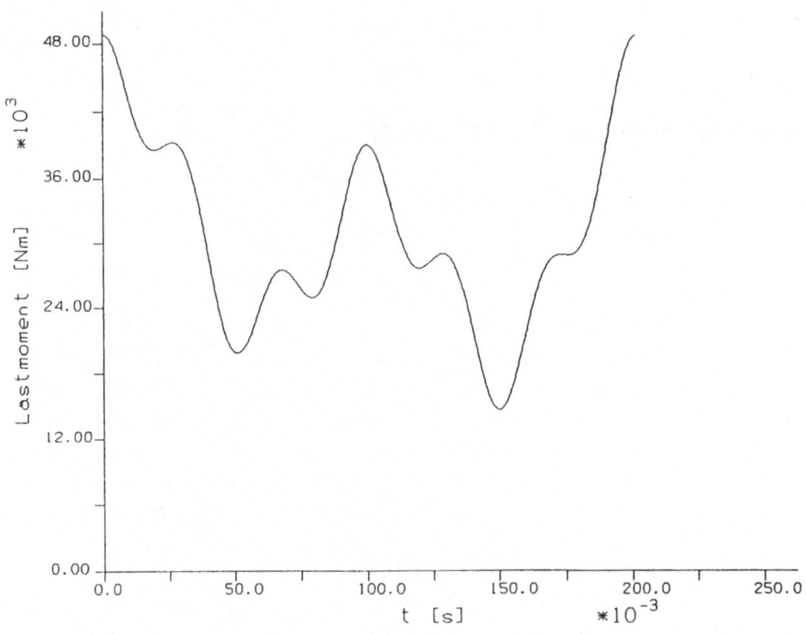

Bild 47:   Zeitverlauf des Verdichterdrehmomentes   (Beispiel)

Das Tangentialkraftdiagramm des Verdichters enthält dominant drei Frequenzen, nämlich die Drehfrequenz mit einer Amplitude von ca. 18 % des mittleren Drehmomentes $M_0 = 0{,}71 \cdot M_{N_{Motor}}$, die doppelte Drehfrequenz mit ca. 31,6 % und die sechsfache Drehfrequenz mit 13 % des mittleren Drehmomentes.

Die Plotkurven in Bild 48 geben die Zeitverläufe des Luftspaltdrehmomentes, des Ständerstromes im Bezugsstrang und der Drehzahl unter der Annahme wieder, daß aus dem stationären Motorbetrieb mit $M_M = M_0 = 0{,}71 \cdot M_N$, dem Mittelwert des Verdichterdrehmomentes, das Drehmoment nach Bild 47 aufgeschaltet wird. Der Wellenstrang ist als starr angenommen.

Nach ca. zwei Perioden der Drehzahlschwankung sind die Ausgleichsvorgänge abgeklungen. Der Ständerstrom pendelt mit den "Effektivwerten" $I_{max} = 134$ A und $I_{min} = 106$ A um den Mittelwert $I_{Mittel} = 123$ A. Aus dem Zeitverlauf der Drehzahl läßt sich einfach die zur Beurteilung der mechanischen Laufgüte wichtige *Ungleichförmigkeit*

$$\delta = \frac{n_{max} - n_{min}}{n_{mittel}} \tag{243}$$

ermitteln. Sie beträgt im vorliegenden Fall $\delta = \frac{1}{92}$.

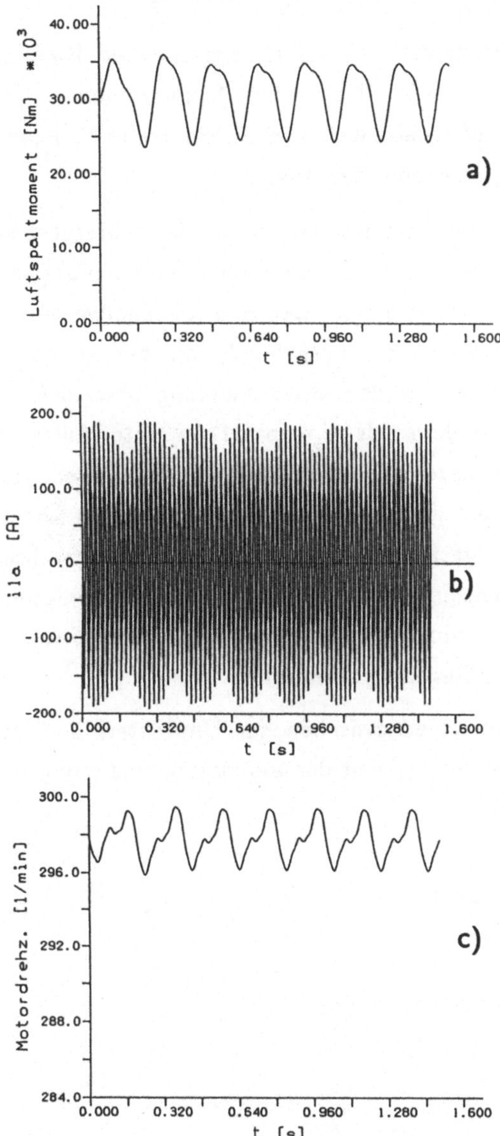

Bild 48: Zeitverläufe von   a) Luftspaltdrehmoment
b) Strom im Bezugsstrang   c) Drehzahl
beim Antrieb eines Kolbenverdichters mit dem Drehmomentverlauf nach
Bild 47
Motor: 1.300 kW, 6 kV, 50 Hz, 2p=20, 165 A, $cos\varphi$=0,79, 42,2 kNm
$J_{res.}$=2.522 kg·m^2 (Motor + Verdichter)

5.9   Ausgleichsvorgänge bei Umrichterspeisung

Drehzahlstell- und Regelantriebe mit umrichtergespeisten Käfigläufern gewinnen zunehmend an Bedeutung. Viele "klassische" Schaltvorgänge spielen bei diesen Antrieben keine Rolle. Beispielsweise werden die Motoren im Stillstand nicht ans Netz geschaltet, sondern im Frequenzanlauf gestartet.

Für die Behandlung von Ausgleichsvorgängen an umrichtergespeisten Maschinen ist es nicht erforderlich, alle schaltungstechnischen Verknüpfungen des Umrichters in den Rechnungsgang einzubeziehen. Bei den üblicherweise eingesetzten sog. Zwischenkreisumrichtern genügt es, ausgehend von der konstanten Gleichgröße im Zwischenkreis den Zeitverlauf der Motorspannung bzw. des Motorstromes zu ermitteln und diese Größe dann als eingeprägt zu unterstellen. Käfigläufer, die aus Umrichtern mit eingeprägtem Gleichstrom im Zwischenkreis (sog. I-Umrichter) betrieben werden, verhalten sich ungeregelt im stationären Betrieb instabil. Die Einbeziehung der Regelung gestaltet die Berechnung von Ausgleichsvorgängen mit I-Umrichter-Antrieben komplizierter als bei Antrieben mit eingeprägter Gleichspannung im Zwischenkreis (sog. U-Umrichter). In diesem Abschnitt wird nur der U-Umrichter-Antrieb behandelt, der ohne Regelung auskommt.

Der charakteristische Unterschied zwischen der Umrichter- und der Netzspeisung besteht in dem Oberschwingungsgehalt der Versorgungsspannung. Falls die Fourier-Analyse der Strangspannung

$$u_{1a} = \sum_\mu \sqrt{2}U_\mu \cos\left(\mu\omega_1 t - \varphi_\mu\right) = 2 \cdot \mathrm{Re}\left(\underline{U}'_1\right) \tag{244}$$

bekannt ist, so gilt für die Mitkomponente

$$\underline{U}'_1 = \sum_\mu \frac{U_\mu}{\sqrt{2}} e^{j\left(\mu\omega_1 t - \varphi_\mu\right)} \quad . \tag{245}$$

Die Klemmenspannung an einer Drehstrom-Induktionsmaschine, die über einen U-Umrichter gespeist wird, setzt sich aus Rechteckblöcken zusammen, deren Höhe die Gleichspannung im Zwischenkreis ist. Ihre Breite und zeitliche Aufeinanderfolge hängt vom Steuerverfahren des Umrichters ab. Bild 49 zeigt die Klemmenspannung u_{1bc} und die Strangspannung u_{1a} für den Blockbetrieb.

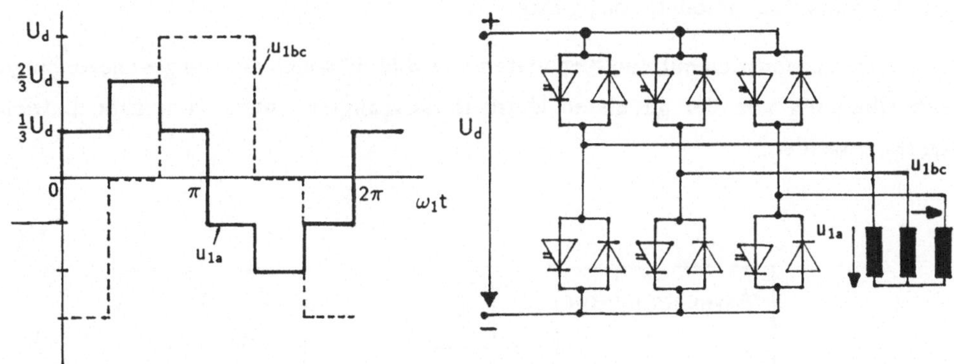

Bild 49: Spannungsverläufe und Ersatzschaltbild des Wechselrichters für einen U–Umrichter im Blockbetrieb

Bei bekannter Zeitfunktion der Strangspannung braucht ihre Mitkomponente nicht über den Umweg der Fourier-Analyse bestimmt zu werden. Sie läßt sich bei Sternschaltung des Motors vielmehr unmittelbar durch die gegebenen Zeitfunktionen u_{1a} und u_{1bc} ausdrücken.

Aus der Definitionsgleichung

$$\underline{U}'_1 = \frac{1}{3}\left(u_{1a} + \underline{a}\cdot u_{1b} + \underline{a}^2\cdot u_{1c}\right) \tag{246}$$

ergibt sich mit

$$u_{1a} + u_{1b} + u_{1c} = 0 \tag{247}$$

$$u_{1bc} = u_{1b} - u_{1c} \tag{248}$$

der Zusammenhang zwischen $\underline{U}'_1$, u_{1a} und u_{1bc}:

$$\underline{U}'_1 = \frac{1}{3}\left(\frac{3}{2}u_{1a} + j\cdot\frac{\sqrt{3}}{2}u_{1bc}\right)\quad . \tag{249}$$

Er ist sowohl bei konstanter Zwischenkreisspannung U_d im Block- (Bild 49) und im Pulsbetrieb (sog. Pulsweitenmodulation) als auch bei variabler Zwischenkreisspannung (sog. Pulsamplitudenmodulation) gültig.

Für den Beispielantrieb mit den Kenndaten von Bild 50 sollen die Ausgleichsvorgänge beim Übergang von der gepulsten Umrichterausgangsspannung zum Blockbetrieb berechnet werden.

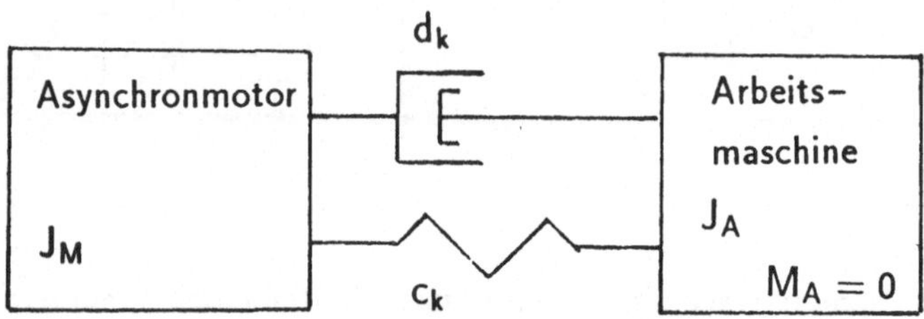

Asynchronmaschine mit Aluminiumdruckgußläufer

0,66 kW ; 50 Hz ; 380 V (Y); 1,57 A ; $cos\varphi = 0,8$;

1400 min^{-1} ; $J_M = 0,00187$ kg· m^2 ; $\frac{M_a}{M_N} = 2,8$

Arbeitsmaschine: $J_A = 0,0048$ kg· m^2

Kupplung:
Drehfederzahl $c_k = 3183$ Nm
Dämpfungskonstante $d_k = 0,01$ Nm· s

Bild 50:   Kenndaten des Beispielantriebes zur Umrichterspeisung

Aus den Kenndaten des Antriebes errechnet sich die torsionskritische Drehzahl zu $f_{krit} = 245$ Hz und das Dämpfungsmaß zu $D = 0,0024$.

Im Hinblick auf das Betriebsverhalten und die magnetischen Beanspruchungen im aktiven Eisen wird die Spannung am Motor proportional der Frequenz verändert (Ausnahmen: Feldschwächbereich und Drehzahlen dicht beim Stillstand). Bei Umrichtern mit einer konstanten Zwischenkreisspannung geschieht die Anpassung der Grundschwingungsspannung an die Frequenz durch eine Änderung des Pulsmusters. Die

Bilder 51 a) bis d) zeigen die Ergebnisse für den Übergang von einer flankenmodulierten Spannung zum ungepulsten Betrieb.

Im Blockbetrieb erhöht sich der Oberschwingungsanteil in den Strangströmen, doch sind damit offensichtlich nur kleine mechanische Ausgleichsvorgänge verbunden. Pulsmusteranpassungen stellen demnach nur harmlose Schalthandlungen dar. Diese Aussage gilt für alle praktisch wichtigen Ausgleichsvorgänge im U-Umrichterbetrieb [29].

Die Pulsmusteränderung wurde für eine Grundschwingungsfrequenz von 50 Hz berechnet. Sowohl das Luftspaltdrehmoment als auch das Kupplungsdrehmoment enthalten Pendelmomente von sechsfacher Grundfrequenz. Wie die folgenden Überlegungen zeigen, entstehen sie im Luftspaltdrehmoment aus den Oberschwingungen der Spannungen und Ströme. Daß die elektromagnetisch angeregten Drehschwingungen deutlich auf den Wellenstrang durchschlagen, hängt mit der kleinen mechanischen Dämpfung des als Beispiel gewählten Antriebssystems zusammen.

Bei U-Umrichtern mit einem zur Grundfrequenz synchronisierten Pulsmuster existieren in den Spannungen und Strömen nur Oberschwingungen mit den Ordnungszahlen

$$\mu = 1 + 6g \qquad g = 0; \pm 1; \pm 2; \dots \quad . \tag{250}$$

Das Vorzeichen in Gl.(250) kennzeichnet die Phasenfolge der Oberschwingungssysteme in bezug auf die Grundschwingung.

Die aus den Oberschwingungen bei der Umrichterspeisung im stationären Betrieb entstehenden Pendelmomentfrequenzen können wie folgt hergeleitet werden.

Der durch die Stromoberschwingung von der Ordnungszahl μ im Luftspalt eines Induktionsmotors erregte Grundstrombelag der Polpaarzahl p läßt sich in der Form schreiben

$$a_{p,\mu}(x,t) = A_{p,\mu} \cdot cos(px - \mu\omega_1 t - \varphi_{p,\mu}) \quad . \tag{251}$$

Diese Strombelagsgrundwelle erregt im Zusammenwirken mit dem Grundfeld von Grundschwingungsfrequenz

$$b_{p,1}(x,t) = B_{p,1} \cdot cos(px - \omega_1 t - \varphi_p) \tag{252}$$

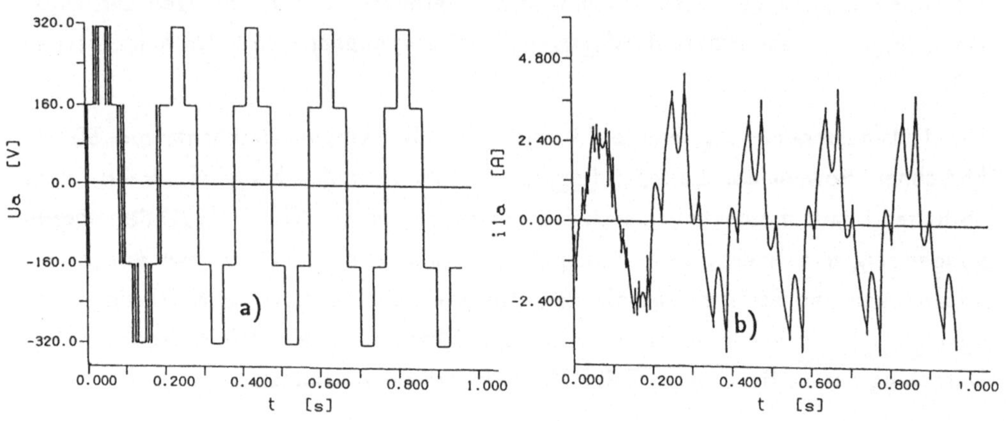

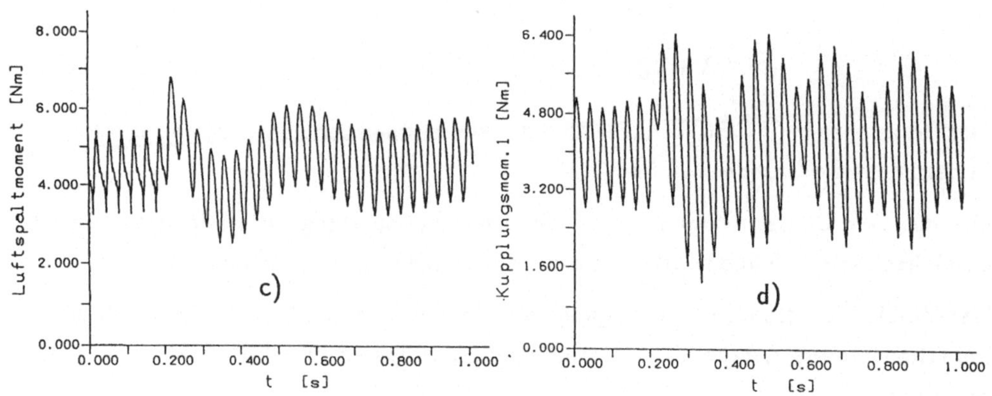

Bild 51: Zeitverläufe von   a) Motorklemmenspannung
b) Motorstrangstrom   c) Lufspaltdrehmoment
d) Kupplungsdrehmoment
für den Beispielantrieb nach Bild 50 bei Änderung des Pulsmusters

ein Drehmoment nach der allgemeinen Gesetzmäßigkeit

$$M = R^2 \cdot l \int_{x=0}^{x=2\pi} a_{p,\mu} \cdot b_{p,1} dx \quad . \tag{253}$$

Mit Hilfe der Additionstheoreme erkennt man sofort, daß aus dem Zusammenwirken der beiden Drehwellen Pendelmomente der Frequenz $(\mu - 1) \cdot f_1$ entstehen. Sowohl die Stromoberschwingungen der Ordnungszahl $\mu = -5$ ($g = -1$) als auch der Ordnungszahl $\mu = 7$ ($g = +1$) verursachen Pendelmomente von sechsfacher Grundfrequenz.

Die Pendelmomentanregungen durch Oberschwingungen stellen dann eine Gefährdung des Antriebes dar, wenn durch sie Torsionseigenfrequenzen angeregt werden. Bei dem Beispielantrieb nach Bild 50 würde dies bei einer Speisefrequenz von 41 Hz geschehen, denn dann gilt $f_{krit.1} = 245\,Hz \approx 41 \cdot 6\,Hz$. Sofern die mechanische Dämpfung nicht ausreichend groß ist, um Wellenschwingungen von gefährlicher Größe zu unterdrücken, so muß unter Umständen ein bestimmter Drehzahlbereich im praktischen Betrieb vermieden werden.

6.   Schaltvorgänge bei Synchronmaschinen

Im Vergleich zu Induktionsmaschinen tritt als Besonderheit die einachsig magnetisierende Erregerwicklung hinzu. Außerdem entstehen bei Einzelpolmaschinen (auch Schenkelpolmaschinen genannt) aufgrund der Pollücke magnetische Anisotropien sowie elektrische Unsymmetrien der Dämpferwicklung. Die Eigenheiten dieser Maschine haben 1929 zur Entwicklung der sog. Zweiachsen-Theorie geführt, welche aus dem angelsächsischen Schrifttum kommend sich nach dem 2. Weltkrieg zur Behandlung von Ausgleichsvorgängen und auch des stationären Zustandes weit verbreitet hat. Die Zweiachsen-Theorie wird mitunter auch bei Induktionsmaschinen angewandt. Diese nach R.H. Park auch Park-Transformation genannte Theorie soll im Anschluß an die Behandlung mit Symmetrischen Komponenten ihrer Verbreitung wegen in den Grundzügen vorgestellt werden.

6.1 Vollpolmaschine

Turbogeneratoren werden stets als Vollpolmaschinen ausgeführt. Bei ihnen bestehen die "Stäbe" der Dämpferwicklung entweder aus den aus Bronze gefertigten Nutenverschlußkeilen der Induktorwicklung, oder isolierte Dämpferleiter werden unter den Keilen in die Nuten eingelegt. Bei der erstgenannten Konstruktionsvariante wirken die Rotorkappen als "Kurzschlußringe", bei der letzteren sind konkrete K-Ringe unter den Kappen existent. Außerdem tragen Wirbelströme in der massiven Ballenoberfläche zur Dämpferwirkung bei. Die Dämpferwicklung von Turbogeneratoren ist somit nicht vollständig symmetrisch.

In den letzten Jahren werden in zunehmendem Maße auch andere Synchronmaschinen im Leistungsbereich bis ca. 20 MVA bei Polzahlen $2p \leq 12$ als geblechte Vollpolläufer ausgeführt. Bei diesen Maschinen besteht die Dämpferwicklung durchweg aus gleichmäßig über den gesamten Läuferumfang verteilten identischen Dämpferstäben, d.h. sie ist vollständig symmetrisch.

In diesem Kapitel wird die Vollpolmaschine mit symmetrischer Dämpferwicklung behandelt. Falls dies nicht zulässig ist, so können die Gleichungen des Abschnittes 6.2 mit $X_2 = 0$ bzw. $X_d = X_q$ zur Beschreibung von Ausgleichsvorgängen mit Vollpolläufern und unsymmetrischer Dämpferwicklung benutzt werden.

6.1.1 Flußverkettungen der Ständerstränge mit der Induktorwicklung

Unter den gleichen Voraussetzungen wie bei der Induktionsmaschine gelten für die Flußverkettung zwischen den einzelnen Strängen der Ständerwicklung und dem in der Längsachse (direct axis, d-Achse) magnetisierenden Induktor die gleichen Beziehungen wie bei der Induktionsmaschine mit dem Bezugsstrang a im Läufer.

$$\psi_{1a2} = i_2 M \cos(p\beta) = i_2 \frac{M}{2}\left(e^{jp\beta} + e^{-jp\beta}\right) = \quad \underline{\psi}'_{1a2} + \quad \underline{\psi}''_{1a2} \quad (254)$$

$$\psi_{1b2} = i_2 M \cos(p\beta - \frac{2}{3}\pi) \qquad\qquad = \underline{a}^2 \cdot \underline{\psi}'_{1a2} + \underline{a} \cdot \underline{\psi}''_{1a2} \quad (255)$$

$$\psi_{1c2} = i_2 M \cos(p\beta - \frac{4}{3}\pi) \qquad\qquad = \underline{a} \cdot \underline{\psi}'_{1a2} + \underline{a}^2 \cdot \underline{\psi}''_{1a2} \quad (256)$$

Mit i_2 ist der Strom in der Erregerwicklung bezeichnet. Die Gln.(254) bis (256) sind unmittelbar mit SK darstellbar.

6.1.2 Spannungsgleichungen und Luftspalt-Drehmoment

Vereinfachend werden ein isotroper Aufbau des magnetischen Kreises und eine symmetrische Dämpferwicklung angenommen. Die Dämpferwicklung wird auf eine symmetrische, kurzgeschlossene Drehstromwicklung reduziert, deren fiktiver Strang a mit der Induktorwicklung gleichachsig magnetisiert. Wenn man die Induktorwicklung mit dem Index 2, die Dämpferwicklung mit dem Index 3 kennzeichnet, so lauten die Gegeninduktivitäten zwischen den drei Wicklungen

$$M_{12} = \frac{2}{3}L_{1h} \cdot \frac{w_2\xi_2}{w_1\xi_1}, \quad M_{13} = \frac{2}{3}L_{1h} \cdot \frac{w_3\xi_3}{w_1\xi_1}, \quad M_{23} = \frac{2}{3}L_{1h} \cdot \frac{w_2\xi_2 w_3\xi_3}{(w_1\xi_1)^2}. \quad (257)$$

Mit diesen Bezeichnungen und den im Abschnitt 4. abgeleiteten Beziehungen lassen sich die Spannungsgleichungen für die an einem symmetrischen Drehstromnetz und einer Gleichspannung U im Läufer liegenden Maschine unmittelbar anschreiben. Es gilt

— für das *Ständer-Mitsystem*

$$\underline{U}_1' = R_1 \cdot \underline{I}_1' + L_1 \cdot \frac{d\underline{I}_1'}{dt} + M_{12} \cdot \frac{d}{dt}\left(\frac{i_2}{2} \cdot e^{jp\beta}\right) + \frac{3}{2} \cdot M_{13} \cdot \frac{d}{dt}\left(\underline{I}_3' \cdot e^{jp\beta}\right) \quad (258)$$

— für die *Induktor(Erreger)-Wicklung*

$$U = R_2 \cdot i_2 + L_2 \cdot \frac{di_2}{dt} + \frac{3}{2} \cdot M_{12} \cdot \frac{d}{dt}\left(\underline{I}_1' e^{-jp\beta}\right) + \frac{3}{2} M_{12} \cdot \frac{d}{dt}\left(\underline{I}_1'' e^{jp\beta}\right) + \frac{3}{2} M_{23} \cdot \frac{di_3}{dt} \quad (259)$$

— für das *Mitsystem der Dämpferwicklung*

$$0 = R_3 \underline{I}_3' + L_3 \frac{d\underline{I}_3'}{dt} + \frac{3}{2} M_{13} \cdot \frac{d}{dt}\left(\underline{I}_1' e^{-jp\beta}\right) + M_{23} \frac{d}{dt}\left(\frac{i_2}{2}\right) \quad (260)$$

Wegen der Verknüpfungen $\underline{I}_1'' = \underline{I}_1'^{\star}$ und $i_3 = 2 \cdot \text{Re}(\underline{I}_3')$ reichen die Gln.(258) bis (260) bei konstanter Drehzahl, d.h. für $\beta = 2\pi n \cdot t$, aus, um die Zeitverläufe der drei unbekannten Ströme i_1, i_2, i_3 zu berechnen. Für analytische Rechnungen müßten sie jedoch zunächst so umgeformt werden, daß sie ein *System von gewöhnlichen Differentialgleichungen mit konstanten Koeffizienten* ergeben. Da die Transformation mit Hilfe von auf den Ständer bezogenen Strömen analog verläuft wie bei der Induktionsmaschine, wird auf die Umformung hier verzichtet. Falls sich die Trennung der Variablen mit Hilfe der Gleichungen der Spannungsgegensysteme einfacher vollziehen läßt, so dürfen diese in den Rechnungsgang einbezogen werden. Im Gegensatz zum stationären Betrieb, für den kein unmittelbarer Zusammenhang zwischen den Komponenten $\underline{I}_m$ und $\underline{I}_g$ existiert, ist die Vorgehensweise bei Ausgleichsvorgängen aber nicht zwingend nötig.

Falls bei Ausgleichsvorgängen mit einer Vollpolmaschine die Unterstellung konstanter Drehzahl unzulässig ist, so müssen die Bewegungsgleichungen einbezogen werden. In sie geht das Luftspalt-Drehmoment der Vollpolmaschine ein. Es lautet

$$m = 3p \cdot \mathrm{Re} \left(jM_{12} \cdot \underline{I}_1'^{\star} \cdot i_2 \cdot e^{jp\beta} + j3M_{13} \cdot \underline{I}_1'^{\star} \cdot \underline{I}_3' \cdot e^{jp\beta} \right) \tag{261}$$

Gl.(261) ergibt sich unmittelbar aus der für die Induktionsmaschine hergeleiteten Beziehung Gl.(156). Die Dämpferwicklung wird im Strangmodell ($m_3 = 3$) nachgebildet.

Das System dieser Differentialgleichungen ist der Ausgangspunkt für die numerische Lösung aller vorkommenden Schaltvorgänge mit Vollpol-Synchronmaschinen. Hierzu gehören auch der asynchrone Anlauf von Synchronmotoren einschließlich des Synchronisationsvorganges sowie die Reaktion des Systems auf mechanische Laststöße.

6.1.3 Stoßkurzschluß

Unter Stoßkurzschluß versteht man den symmetrischen, dreisträngigen (sogenannten dreipoligen) Klemmenkurzschluß einer Synchronmaschine aus dem vorangegangenen Leerlauf mit Nennspannung. Der Stoßkurzschlußversuch wird im Prüffeld zum Nachweis einer ausreichend steifen Konstruktion gegen die dabei auftretenden Kräfte durchgeführt. Die größte Gefährdung ergibt sich für die Wickelköpfe aufgrund der großen Stromkräfte. Die Stoßkurzschluß-Drehmomente dürfen bei der Auslegung der Welle und der übrigen Konstruktionselemente von Läufer und Ständer nicht außer acht gelassen werden. Die thermischen Wirkungen der Stoßkurzschlußströme sind hingegen wegen der kurzen Einwirkdauer ohne Bedeutung. Bei Grenzleistungsmaschinen kann der Stoßkurzschlußversuch im Prüffeld mit Rücksicht auf die Fundamentbeanspruchungen nicht an voller Spannung durchgeführt werden. Der Stoßkurzschluß galt jahrzehntelang als der wichtigste und gefährlichste Ausgleichsvorgang bei Drehstrommaschinen. Er wurde zusätzlich auch deshalb in allen Lehrbüchern behandelt, weil zur Berechnung die Unterstellung konstanter Drehzahl näherungsweise zulässig ist und der Einschwingvorgang unter dieser Voraussetzung analytisch berechnet werden kann. Der Stoßkurzschluß hat seinen "Schrecken" weitgehend verloren, denn im Zuge der verbesserten Berechnungsmethoden für die im Wickelkopf auftretenden Kräfte und insbesondere der modernen Absteifungsmaßnahmen für die Wickelköpfe, die durch den Übergang auf Kunstharzisolierungen ermöglicht wurden, werden die Kräfte beherrscht. Die Beanspruchungen sind außerdem nicht größer als beim direkten Einschalten oder der Netzumschaltung eines vergleichbaren Induktionsmotors, der diesen Beanspruchungen je nach Schalthäufigkeit um ein Vielfaches öfter gewachsen sein muß.

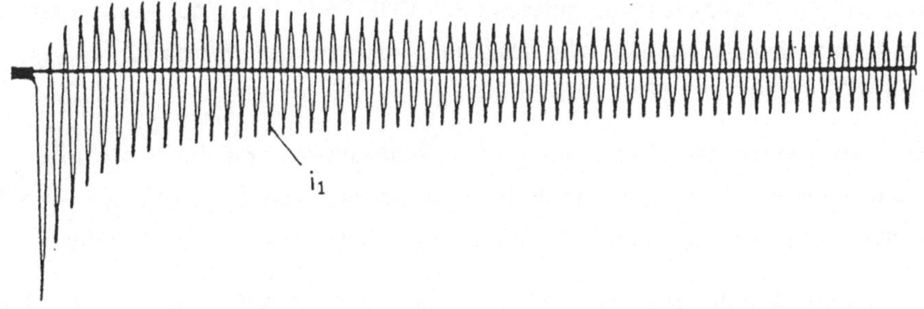

Bild 52: Oszillogramm des Kurzschlußstromes einer Synchronmaschine beim Schalten im ungünstigsten Zeitaugenblick

Bild 52 zeigt den typischen Zeitverlauf des Kurzschlußstromes beim Schalten im ungünstigsten Zeitaugenblick (volles Gleichstromglied).

Die Ausgleichsströme sind in den drei Strängen unterschiedlich groß, auf das Luftspaltdrehmoment beim dreipoligen Stoßkurzschluß nimmt der Schaltaugenblick dagegen keinen Einfluß. Der Kurzschlußstrom nach Bild 52 enthält Anteile, die mit unterschiedlichen Zeitkonstanten abklingen. Man unterscheidet zwischen dem schnellflüchtigen oder *subtransienten* und dem flüchtigen oder *transienten* Anteil.

Der subtransiente Anteil des Kurzschlußstromes wird durch die sog. Anfangsreaktanz oder *Subtransientreaktanz* X'' begrenzt und klingt mit der sog. *subtransienten Zeitkonstante* T'' ab.

Der transiente Anteil des Kurzschlußstromes wird durch die sog. Übergangs- oder *Transientreaktanz* X' begrenzt und klingt mit der *transienten Zeitkonstanten* T' auf den Dauerkurzschlußstrom ab.

Der *Stoßkurzschlußstrom* $i_{Stoß,Str.}$ kann überschlägig nach der Beziehung

$$i_{Stoß,Str.} \approx 1{,}8 \frac{\sqrt{2} \cdot I_{N,Str.}}{x''} = 1{,}8 \frac{\sqrt{2} \cdot U_{N,Str.}}{X''} \tag{262}$$

ermittelt werden. Der Faktor 1,8 berücksichtigt näherungsweise das Abklingen des Kurzschlußstromes während der ersten Halbperiode. Zur Beherrschung des Stoßkurzschlusses sind die Subtransientreaktanzen in den Bestimmungen VDE 0530 limitiert. *Turbogeneratoren* müssen nach VDE 0530 Teil 3/4.91, Abschnitt 16.2., für $x'' > 10\%$ bemessen werden, *alle übrigen Synchronmaschinen* für $i_{Stoß,Str.} < 21 \cdot I_N$ nach VDE 0530 Teil 1/7.91, Abschnitt 23.

Die Gleichungen zur Berechnung der Reaktanzen sind im Abschnitt 6.2.5 zusammengestellt. Die experimentelle Bestimmung von $i_{Stoß,Str.}$, x'', x' erfolgt im Stoßkurzschlußversuch nach VDE 0530 Teil 4/9.89, Abschnitte 40 und 41.

Die Forderungen in bezug auf die Kurzschlußfestigkeit gelten nicht nur für den dreipoligen, sondern auch für den einphasig-zweisträngigen (zweipoligen) und den einphasig-einsträngigen (einpoligen) Stoßkurzschluß, da alle Varianten als Störungsfälle in der Praxis auftreten können. Die Gleichungen für die unsymmetrischen Störungsfälle können ähnlich wie in Abschnitt 5.6 ebenfalls aus den abgeleiteten Beziehungen für die Flußverkettungen hergeleitet werden. Hier sei nur angemerkt, daß sich für den Zeitverlauf und die Größe der Stoßkurzschlußströme keine wesentlichen Änderungen im Vergleich zum dreipoligen Stoßkurzschluß ergeben.

Bei Synchronmaschinen großer Leistung darf man näherungsweise $R_1 = R_2 = R_3 = 0$ setzen. Unter dieser Voraussetzung kann der *Stoßkurzschlußstrom mit Hilfe des Schaltgesetzes* bestimmt werden. Die Beziehung $\frac{d\psi}{dt} = 0$ gilt nur für kurzgeschlossene, widerstandslose Wicklungen. Die Anwendung des Schaltgesetzes ist deshalb für die Erregerwicklung nur zulässig, wenn man vor dem Schalten bei eingeprägtem Gleichstrom für die Gleichspannung am Induktor $U = 0$ setzen darf. Die Näherung gilt also nicht für Maschinen mit hohen Erregerspannungen.

Vor dem Kurzschließen ($t<0$) gilt für die Spannung am Ständerstrang a unter Berücksichtigung von Gl.(254) und $p\beta = \omega_1 t$

$$\psi_{1a} = M_{12} \cdot I_2 \cdot \cos\omega_1 t \longrightarrow u_{1a} = \frac{d\psi_{1a}}{dt} = -\omega_1 \cdot M_{12} \cdot I_2 \cdot \sin\omega_1 t \quad . \quad (263)$$

Beim Kurzschluß aus dem vorangegangenen Leerlauf mit synchroner Drehzahl lauten somit die *Anfangsbedingungen*

$$t = -\Delta t \quad : \quad \beta = 0 \quad , \quad i_1 = i_3 = 0 \quad , \quad i_2 = I_2 \quad , \quad \psi_{1a} = M_{12} \cdot I_2 \quad . \quad (264)$$

Das Schaltgesetz $\psi = $ konstant liefert angewendet auf die Gln.(258) und (260), die zugehörigen Gleichungen des Gegensystems sowie auf Gl.(259)

$$\psi_{1a} = M_{12} \cdot I_2 \overset{!}{=} L_1 \cdot i_{1Stoß} - M_{12} \cdot i_{2Stoß} - \frac{3}{2}M_{13} \cdot i_{3Stoß} \qquad (265)$$

$$\psi_2 = L_2 \cdot I_2 \overset{!}{=} -\frac{3}{2}M_{12} \cdot i_{1Stoß} + L_2 \cdot i_{2Stoß} + \frac{3}{2}M_{23} \cdot i_{3Stoß} \qquad (266)$$

$$\psi_{3a} = \underbrace{M_{23} \cdot I_2}_{\omega_1 t = 0} \overset{!}{=} \underbrace{-\frac{3}{2}M_{13} \cdot i_{1Stoß} + M_{23} \cdot i_{2Stoß} + \quad L_3 \cdot i_{3Stoß}}_{\omega_1 t = \pi} \qquad (267)$$

In dem vorstehenden Gleichungssystem ist vermutet, daß der *kritische Augenblick* zum Zeitpunkt $\omega_1 t = \pi$ bzw. bei der Läuferlage $p\beta = \pi$ vorliegt. Falls bei der Anwendung des Schaltgesetzes Zweifel an der Vermutung des kritischen Augenblicks bestehen, so muß man sich durch Lösen des algebraischen Gleichungssystems für verschiedene angenommene Zeitaugenblicke Klarheit verschaffen.

Aus den Gln.(265) bis (267) folgt der *Stoßstrom im Anker* (Ständer) zu

$$i_{1Stoß} = \frac{2 \cdot \omega_1 \cdot M_{12} \cdot I_2}{X''} = 2 \cdot \frac{\hat{u}_1}{X_{1h}} \cdot \frac{X_{1h}}{X''} \qquad (268)$$

mit der *Subtransientreaktanz*

$$X'' = X_{1h}\left(\sigma_1 + \frac{\sigma_2\sigma_3}{\sigma_2 + \sigma_3 + \sigma_2\sigma_3}\right) \approx X_{1h}\left(\sigma_1 + \frac{\sigma_2\sigma_3}{\sigma_2 + \sigma_3}\right) \quad . \tag{269}$$

Im Grenzfall einer *streuungslosen Dämpferwicklung* ($\sigma_3 = 0$) ist die Subtransientreaktanz

$$X'' = \sigma_1 \cdot X_{1h} = X_{1\sigma} \tag{270}$$

identisch mit der Ständerstreureaktanz.

Für eine *Vollpolmaschine ohne Dämpferwicklung* ($\sigma_3 = \infty$) ergibt sich

$$X'' = X_{1h}\left(\sigma_1 + \frac{\sigma_2}{1 + \sigma_2}\right) \approx X_{1h} \cdot (\sigma_1 + \sigma_2) = X_{1\sigma} + X'_{2\sigma} \quad , \tag{271}$$

d.h. die Subtransientreaktanz ist gleich der Summe aus der Ständerstreureaktanz und der auf den Ständer bezogenen Streureaktanz der Erregerwicklung. *Durch die Dämpferwicklung wird die Subtransientreaktanz verkleinert.* Die Dämpferwicklung einer Vollpolmaschine ist im Vergleich zu den übrigen Wicklungen kupferarm. Es ist deshalb einleuchtend, daß die Dämpferwicklung nur auf den subtransienten Ausgleichsvorgang Einfluß nehmen kann, d.h. daß die *Transientreaktanz* X' *einer Vollpolmaschine mit Dämpferwicklung* näherungsweise der Subtransientreaktanz einer Vollpolmaschine ohne Dämpferwicklung entspricht.

$$X' \approx X_{1\sigma} + X'_{2\sigma} \tag{272}$$

6.2 Schenkelpolmaschine

Bei Synchronmaschinen mit Einzelpolen sind die magnetischen Luftspaltleitwerte in Längs- und Querachse unterschiedlich. Bei drehender Maschine führt dies zu einer Zeitabhängigkeit der Gegeninduktivitäten zwischen den Wicklungssträngen im Ständer. Es wird sich jedoch zeigen, daß man durch geeignete Transformationen das transiente Verhalten bei *konstanter Drehzahl* trotzdem durch lineare gewöhnliche Differentialgleichungen mit konstanten Koeffizienten beschreiben kann.

Durch die Berücksichtigung der Pollücke wird sich die Gleichungsschreibweise deutlich aufwendiger gestalten als bei einer Vollpolmaschine. Die Ergebnisse, z.B. die für den Stoßkurzschlußstrom maßgebende Subtransientreaktanz in der d-Achse, weichen aber gar nicht so erheblich von denjenigen einer Vollpolmaschine ab. Man muß darum im Einzelfall abwägen, ob der erhöhte Rechen- und Zeitaufwand, der mit der Berücksichtigung der Leitwertschwankungen verbunden ist, bei den für Ausgleichsvorgänge geforderten Genauigkeiten gerechtfertigt ist.

6.2.1 Flußverkettungen einer Drehstromwicklung mit einem Reluktanzläufer

In Bild 53 sind das schematisierte abgewickelte Querschnittsbild einer Synchronmaschine mit Rechteckfeldpolen, die Strombelagskurve eines Stranges sowie der magnetische Luftspaltleitwert gezeichnet. Zur Vereinfachung ist eine Durchmesserwicklung mit feinverteiltem Strombelag angenommen worden.

Die im weiteren abgeleiteten Ergebnisse sind mit den entsprechenden Werten für die Hauptreaktanzen in der Längsachse X_{hd} und in der Querachse X_{hq} für alle Synchronmaschinen mit symmetrischer Drehstromwicklung (Ganzloch- oder Bruchlochwicklung) und mit beliebiger Polschuhform anwendbar.

Mit dem gewählten Koordinatenursprung $x = 0$ im Schwerpunkt einer positiv durchfluteten Wicklungszone des Ständerstranges a lautet die *Fourier-Reihe der Strombelagskurve des Stranges a*

$$a_a(x,t) = \sum_\nu A_\nu \cos\nu\, x = \sum_\nu \xi_\nu \cdot \frac{2w_1}{\pi R} \cdot i_a \cdot \cos\nu\, x \quad . \tag{273}$$

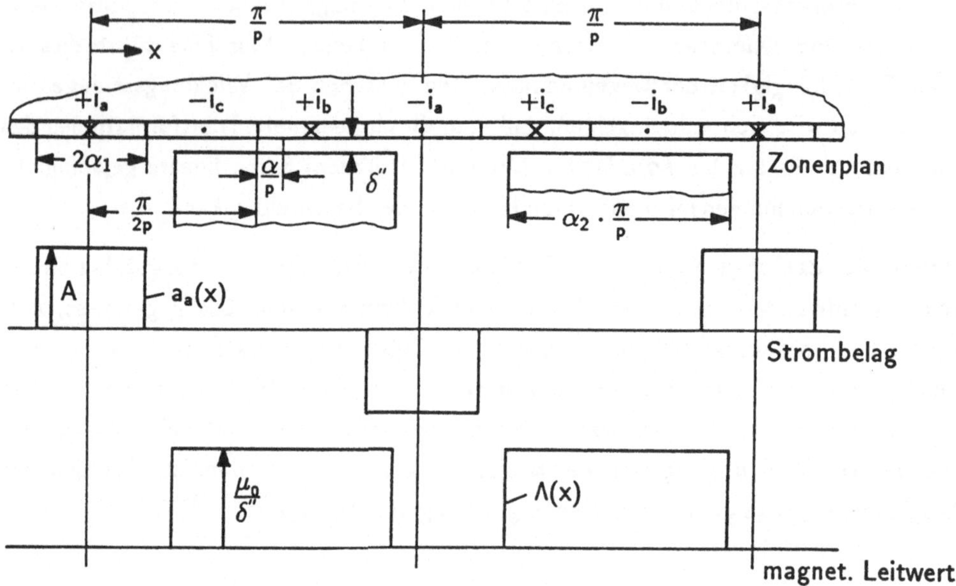

Bild 53: Zonenplan, Strombelagskurve je Strang und magnetischer Luftspaltleitwert einer Schenkelpol-Synchronmaschine (schematisiert)

Die Strombelagskurve enthält alle Polpaarzahlen $\nu = p(1 + 2k)$ mit k=1,2,3,..., die ein ungeradzahliges Vielfaches der Grundpolpaarzahl p ausmachen.

In dem in Bild 53 betrachteten Zeitaugenblick ist die Stellung des Polrades durch den Winkel α gekennzeichnet. Die Zählung wurde so gewählt, daß für $\alpha = 0$ das Polrad in der Längsachse magnetisiert. In der *Fourier-Reihe des Luftspaltleitwertes*

$$\Lambda(x,t) = \Lambda_0 + \sum_\lambda \Lambda_A \cdot sin\lambda x + \sum_\lambda \Lambda_B \cdot cos\lambda x \qquad (274)$$

$$\lambda = 2pg \qquad g = 1,2,3\ldots$$

ist die Zeitabhängigkeit implizit im Winkel α enthalten. Die Leitwertschwankungen enthalten nur Ordnungszahlen λ, die ein geradzahliges Vielfaches der Grundpolpaarzahl p ausmachen mit der Grundordnungszahl $\lambda = 2p$. Die Amplituden der drei Terme von Gl.(274) lauten:

$$\Lambda_0 = \frac{\mu_0}{\delta''} \cdot \alpha_2 \tag{275}$$

$$\Lambda_A = \mp 4\frac{p}{\pi} \cdot \frac{\mu_0}{\delta''} \cdot \frac{1}{\lambda} sin\frac{\alpha}{p}\lambda \cdot sin\alpha_2\frac{\pi}{2p}\lambda \tag{276}$$

$$\Lambda_B = \mp 4\frac{p}{\pi} \cdot \frac{\mu_0}{\delta''} \cdot \frac{1}{\lambda} cos\frac{\alpha}{p}\lambda \cdot sin\alpha_2\frac{\pi}{2p}\lambda \tag{277}$$

$$- \text{ für } g = 1,3,\dots \quad , \quad + \text{ für } g = 2,4,\dots$$

Die Berechnung des vom Strang a erregten *Luftspaltwechselfeldes* aus dem Zusammenwirken des Strombelages mit der Leitwertschwankung wird mit Hilfe des Durchflutungsgesetzes vorgenommen.

$$b_a(x,t) = \Lambda(x,t) \cdot R \cdot \sum_\nu \frac{A_\nu}{\nu} \cdot sin\nu x \tag{278}$$

Man erkennt, daß Felder der Grundpolpaarzahl p auch durch die Oberstrombeläge mit den Polpaarzahlen $\lambda = 3p, 5p, \dots$ erregt werden. *Die Grundfelder aus Oberstrombelägen sollen im weiteren vernachlässigt werden*, weil ihre Amplituden mit zunehmendem ν abnehmen. Bei Beschränkung auf Grundfelder aus dem Grundstrombelag ergibt die Auswertung von Gl.(278) den Ausdruck

$$b_{p_a}(x,t) = R \cdot \frac{A_p}{p} \cdot \frac{\mu_0}{\delta''} \left(\alpha_2 + \frac{1}{\pi} sin\alpha_2\pi \cdot cos2\alpha \right) sinpx$$

$$- R\frac{A_p}{p}\frac{\mu_0}{\delta''}\frac{1}{\pi} sin\alpha_2\pi \cdot sin2\alpha \cdot cospx \quad . \tag{279}$$

In den Grenzstellungen des Polrades $\alpha = 0$ für reine Längsmagnetisierung und $\alpha = \frac{\pi}{2}$ für reine Quermagnetisierung entfällt der zweite Summand in Gl.(279), und es gilt

$$\alpha = 0 \ : \ b_{dp_a}(x,t) = R \cdot \frac{A_p}{p} \cdot \frac{\mu_0}{\delta''} \left(\alpha_2 + \frac{1}{\pi} sin\alpha_2\pi \right) sinpx$$

$$= R\frac{A_p}{p}\frac{\mu_0}{\delta''}\frac{X_{hd}}{X_h} sinpx \quad , \tag{280}$$

$$\alpha = \frac{\pi}{2} \ : \ b_{qp_a}(x,t) = R \cdot \frac{A_p}{p} \cdot \frac{\mu_0}{\delta''} \left(\alpha_2 - \frac{1}{\pi} sin\alpha_2\pi \right) sinpx$$

$$= R\frac{A_p}{p} \frac{\mu_0}{\delta''} \frac{X_{hq}}{X_h} sinpx \quad . \tag{281}$$

Bei der an letzter Stelle aufgeführten Schreibweise der Gln.(280) und (281) sind die aus der Grundfeldtheorie des stationären Betriebes bekannten Ausdrücke [14]

$$X_{hd} = X_h \left(\alpha_2 + \frac{1}{\pi} sin\alpha_2\pi \right) \tag{282}$$

$$X_{hq} = X_h \left(\alpha_2 - \frac{1}{\pi} sin\alpha_2\pi \right) \tag{283}$$

eingeführt worden.

Aus dem Grundfeld nach Gl.(279) errechnet sich mit den Abkürzungen

$$l_1 = R\frac{A_p}{p \cdot i_a} \frac{\mu_0}{\delta''}\alpha_2 = R \cdot \frac{\mu_0}{\delta''} \frac{2w_1}{\pi R} \frac{\xi_p}{p}\alpha_2 = B_{pw} \alpha_2\frac{1}{i_a} \tag{284}$$

$$l_2 = l_1 \frac{sin\alpha_2\pi}{\alpha_2\pi} \tag{285}$$

der *Fluß je Pol* durch den Wicklungsstrang a, erregt durch den Strom i_a

$$\phi_{1a_a} = \int\limits_{x=0}^{\frac{\pi}{p}} b_{p_a} \cdot l \cdot Rdx = \frac{2lR}{p}(l_1 + l_2 cos2\alpha) \cdot i_a \quad . \tag{286}$$

Mit dem Koordinatenursprung $x^* = 0$ im Schwerpunkt der positiv durchfluteten Spulenseite des Stranges b gilt die Beziehung

$$\alpha^* = \alpha - \frac{2}{3}\pi \quad . \tag{287}$$

Das vom Grundstrombelag des Stranges b erregte Grundwechselfeld lautet somit

$$b_{p_b}(x^*,t) = (l_1 + l_2\cos2\alpha^*)\,\sin px^* i_b - l_2\sin2\alpha^* \cdot \cos px^* \cdot i_b \qquad (288)$$

und führt zum Fluß durch die Polfläche des Stranges a, erregt durch den Strom i_b im Strang b

$$\phi_{1a_b} = \int\limits_{x^*=-\frac{2}{3}\frac{\pi}{p}}^{\frac{1}{3}\frac{\pi}{p}} b_{p_b} \cdot l \cdot R\,dx^*$$

$$= -\frac{lR}{p}\left\{l_1 + l_2\cos(2\alpha - \frac{4}{3}\pi)\right\} \cdot i_b - \sqrt{3}\frac{lR}{p}l_2\sin(2\alpha - \frac{4}{3}\pi)i_b. \qquad (289)$$

Mit der Substitution

$$\alpha^{**} = \alpha - \frac{4}{3}\pi \qquad (290)$$

ergibt sich analog für den Fluß durch den Wicklungsstrang a, erregt durch den Strom i_c,

$$\phi_{1a_c} = \int\limits_{x^{**}=-\frac{4}{3}\frac{\pi}{p}}^{-\frac{1}{3}\frac{\pi}{p}} b_{p_c} \cdot l \cdot R\,dx^{**}$$

$$= -\frac{lR}{p}\left\{l_1 + l_2\cos(2\alpha - \frac{2}{3}\pi)\right\} \cdot i_c + \sqrt{3}\frac{lR}{p}l_2\sin(2\alpha - \frac{2}{3}\pi)i_c. \qquad (291)$$

Somit beträgt der *resultierende Fluß durch den Wicklungsstrang a*

$$\phi_{1a} = \phi_{1a_a} + \phi_{1a_b} + \phi_{1a_c} = \frac{lR}{p}(l_1 + l_2\cos2\alpha)3i_a + \sqrt{3}\frac{lR}{p}l_2\sin2\alpha(i_b - i_c) \quad , \qquad (292)$$

den man in Beziehung setzen kann zum Polfluß des Grundfeldes bei Speisung der Ständerwicklung mit symmetrischen, sinusförmigen Drehströmen. Bei über den

Umfang konstantem Luftspalt beträgt hierfür der Fluß je Pol des resultierenden Grundfeldes unter Beachtung von Gl.(284)

$$\phi_{1a}^{D} = \frac{2}{\pi} \cdot \frac{\pi R}{p} \cdot l \cdot B_p = 2\frac{IR}{p} \cdot \frac{3}{2} \cdot \frac{l_1}{\alpha_2} \cdot i_a \quad . \tag{293}$$

Die mit dem Strang a verketteten Flüsse in den Grenzstellungen

$$\alpha = 0 \quad : \quad \phi_{1ad}\frac{IR}{p} \cdot (l_1 + l_2)3i_a = \phi_{1a}^{D}\left(\alpha_2 + \frac{sin\alpha_2\pi}{\pi}\right) \tag{294}$$

$$\alpha = \frac{\pi}{2} \quad : \quad \phi_{1aq}\frac{IR}{p} \cdot (l_1 - l_2)3i_a = \phi_{1a}^{D}\left(\alpha_2 - \frac{sin\alpha_2\pi}{\pi}\right) \tag{295}$$

führen auf die Ersatzinduktivitäten $\overline{L}_1$ und $\overline{L}_2$,

$$\alpha_2 = \frac{\phi_{1ad}+\phi_{1aq}}{2\phi_{1a}^{D}} = \boxed{\frac{L_{hd}+L_{hq}}{2L_{1h}} = \frac{\overline{L}_1}{L_{1h}} \text{ mit } \overline{L}_1 = \frac{L_{hd}+L_{hq}}{2}} \tag{296}$$

$$\frac{1}{\pi}sin\alpha_2\pi = \frac{\phi_{1ad}-\phi_{1aq}}{2\phi_{1a}^{D}} = \boxed{\frac{L_{hd}-L_{hq}}{2L_{1h}} = \frac{\overline{L}_2}{L_{1h}} \text{ mit } \overline{L}_2 = \frac{L_{hd}-L_{hq}}{2}} \tag{297}$$

die mit den Induktivitäten in der Längs- und Querachse in einem einfachen Zusammenhang stehen. Es ist üblich, in die Ersatzinduktivitäten die Streuung einzubeziehen und mit $L_d = L_{hd} + L_\sigma$ bzw. $L_q = L_{hq} + L_\sigma$ zu schreiben:

$$\boxed{L_1 = \frac{L_d + L_q}{2} = \overline{L}_1 + L_\sigma \qquad L_2 = \frac{L_d - L_q}{2} = \overline{L}_2} \tag{298}$$

Mit diesen Ersatzinduktivitäten kann man die *SK der Ständer-Flußverkettungen* ermitteln. Aus Gl.(292) folgt für die Flußverkettung von Strang a

$$\psi_{1a1} = (\overline{L}_1 + L_2 cos2\alpha)i_a + \frac{1}{\sqrt{3}} \cdot L_2 \cdot sin2\alpha \cdot (i_b - i_c) \tag{299}$$

und durch Einfügen der SK der Ströme

$$i_b - i_c = \underline{I}'(\underline{a}^2 - \underline{a}) + \underline{I}''(\underline{a} - \underline{a}^2) = -j\sqrt{3}\underline{I}' + j\sqrt{3}\underline{I}'' \tag{300}$$

sowie mit den trigonometrischen Umformungen

$$cos2\alpha = \frac{1}{2}\left(e^{j2\alpha} + e^{-j2\alpha}\right) \quad , \quad sin2\alpha = \frac{1}{2j}\left(e^{j2\alpha} - e^{-j2\alpha}\right) \qquad (301)$$

die endgültige Beziehung mit $\alpha = p \cdot \beta$

$$\psi_{1a1} = \underbrace{\overline{L}_1 \cdot \underline{I}' + L_2 \cdot \underline{I}'' e^{j2p\beta}}_{\underline{\psi}'_{1a1}} + \underbrace{\overline{L}_1 \cdot \underline{I}'' + L_2 \cdot \underline{I}' e^{-j2p\beta}}_{\underline{\psi}''_{1a1}} \qquad (302)$$

Für den Strang b gilt wegen $\alpha^* = \alpha - \frac{2}{3}\pi$ und $i_b = \underline{a}^2 \cdot \underline{I}' + \underline{a} \cdot \underline{I}''$

$$\psi_{1b1} = \underbrace{\overline{L}_1 \underline{I}' \underline{a}^2 + L_2 \underline{a}\, \underline{I}'' \underline{a} e^{j2\alpha}}_{\underline{a}^2 \underline{\psi}'_{1a1}} + \underbrace{\overline{L}_1 \underline{a}\, \underline{I}'' + L_2 \underline{a}^2\, \underline{I}' \underline{a}^2 e^{-j2\alpha}}_{\underline{a} \underline{\psi}''_{1a1}} \quad . \qquad (303)$$

Durch Koeffizientenvergleich lassen sich in den Gln.(302) und (303) die Mit- und Gegenkomponente der Flußverkettungen identifizieren. Hierdurch ist die Grundlage zur Formulierung der Spannungsgleichungen einer Einzelpolmaschine unter Verwendung der SK der Augenblickswerte geschaffen.

Die *Vollpolmaschine* ist mit $L_d = L_q = L_h + L_\sigma = L$ in dem Kalkül als folgender Grenzfall enthalten:

$$L_1 = L \quad , \quad L_2 = 0 \quad . \qquad (304)$$

6.2.2 Spannungsgleichungen und Luftspalt-Drehmoment, ausgedrückt durch Symmetrische Komponenten

In Bild 54 ist die schematisierte Wicklungsanordnung einer Schenkelpolmaschine wiedergegeben.

Die *Erregerwicklung* magnetisiert ausschließlich in der d-Achse. Für ihre Flußverkettung mit den drei Ständersträngen gilt somit Gl.(139), und umgekehrt errechnet sich die Flußverkettung der Ständerstränge mit dem Polrad aus den Gln.(254) bis (257).

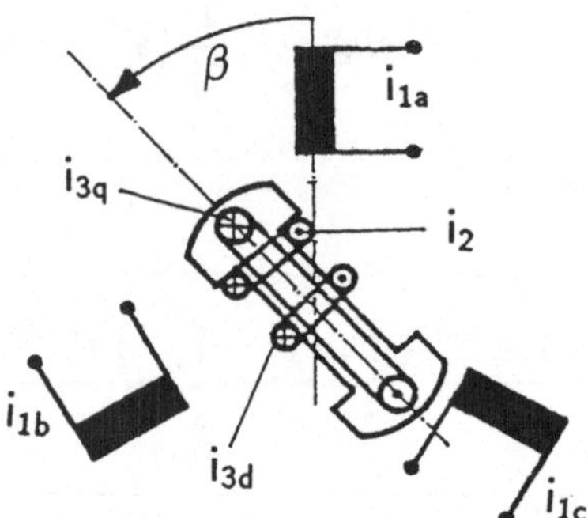

Bild 54: Topographische Darstellung der Wicklungen einer Schenkelpol-Synchronmaschine

Die *Dämpferwicklung* einer Einzelpol-Synchronmaschine ist stets unsymmetrisch, da in der Pollücke keine Stäbe existieren. Außerdem werden manchmal die Kurzschlußringe nur als Segmente im Bereich der Pole ausgeführt. Die unsymmetrische Dämpferwicklung wird auf zwei galvanisch getrennte, einachsige Wicklungen zurückgeführt, die in der d-Achse magnetisierende *Längsdämpferwicklung* 3d und die in der q-Achse magnetisierende *Querdämpferwicklung* 3q. Bei Dämpferwicklungen ohne Ringverbinder in der Pollücke kann die Querdämpferwicklung in grober Näherung als nicht existent angesehen werden. Für eine Vollpolmaschine mit symmetrischer Dämpferwicklung sind die Parameter von Längs- und Querdämpferwicklung identisch; anstelle der Nachbildung als symmetrische Dämpferwicklung hätte die Simulation der Dämpferwicklung in Abschnitt 6.1.2 auch in dieser Weise vorgenommen werden können.

Die Formulierung der Spannungsgleichungen geschieht mit folgenden Bezeichnungen:

R_2; L_{2d} = ohmscher Widerstand, Selbstinduktivität der Erregerwicklung

M_{12} = Gegeninduktivität zwischen Ständerstrang a und Erregerwicklung für $\beta = 0$

R_{3d}; L_{3d} = ohmscher Widerstand, Selbstinduktivität der Längs-Dämpferwicklung

M_{13d} = Gegeninduktivität zwischen Ständerstrang a und Längs-Dämpferwicklung für $\beta = 0$

M_{23d} = Gegeninduktivität zwischen Erregerwicklung und Längs-Dämpferwicklung

R_{3q}; L_{3q} = ohmscher Widerstand, Selbstinduktivität der Quer-Dämpferwicklung

M_{13q} = Gegeninduktivität zwischen Ständerstrang a und Quer-Dämpferwicklung für $\beta = \frac{\pi}{2p}$

Die Berechnung der Parameter R_{3d}, L_{3d}, R_{3q}, M_{13_d}, M_{23_d}, M_{13_q} aus den geometrischen Abmessungen einer Maschine ist kompliziert, ihre Herleitung kann jedoch dem Schrifttum [30] entnommen werden.

Mit den vorstehenden Bezeichnungen und den im Abschnitt 6.2.1 abgeleiteten Flußverkettungen lautet die Spannungsgleichung für das *Ständer-Mitsystem*:

$$\underline{U}'_1 = R_1\underline{I}'_1 + L_1\frac{d\underline{I}'_1}{dt} + L_2\frac{d}{dt}\left(\underline{I}''_1 e^{j2p\beta}\right) + M_{12}\frac{d}{dt}\left(\frac{i_2}{2}e^{jp\beta}\right)$$
$$+ jM_{13q}\frac{d}{dt}\left(\frac{i_{3q}}{2}e^{jp\beta}\right) + M_{13d}\frac{d}{dt}\left(\frac{i_{3d}}{2}e^{jp\beta}\right) \tag{305}$$

Die beiden letzten Terme beinhalten die von den Mitkomponenten der beiden Ersatz-Dämpferwicklungen induzierten Spannungen. Der Ausdruck für die von der Längsdämpferwicklung induzierte Spannung entspricht formal der Polradspannung nach Gl.(254). Diese Beziehung besitzt auch für die von der Querdämpferwicklung induzierte Spannung Gültigkeit, wenn man $p \cdot \beta$ durch $p \cdot \beta + \frac{\pi}{2}$ substituiert.

$$M_{13q} \cdot \frac{d}{dt}\left(\frac{i_{3q}}{2} \cdot e^{j\left(p\beta+\frac{\pi}{2}\right)}\right) = j \cdot M_{13q} \cdot \frac{d}{dt}\left(\frac{i_{3q}}{2} \cdot e^{jp\beta}\right) \tag{306}$$

Die einachsig magnetisierenden Wicklungen könnten prinzipiell als Sonderfall eines symmetrischen zweisträngigen Systems aufgefaßt und durch SK ausgedrückt werden, doch bringt dies keinen praktischen Nutzen im Vergleich zur Formulierung in Originalgrößen. Natürlich muß hierbei beachtet werden, daß von der Ankerwicklung jeweils Mit- und Gegenkomponente Spannungen induzieren.

Auf diese Weise erhält man die *Spannung der Erregerwicklung*

$$U = R_2 i_2 + L_{2d}\frac{di_2}{dt} + \frac{3}{2}M_{12}\frac{d}{dt}\left(\underline{I}'_1 e^{-jp\beta} + \underline{I}''_1 e^{jp\beta}\right) + M_{23d}\frac{di_{3d}}{dt} \qquad (307)$$

die *Spannung der Längsdämpferwicklung*

$$0 = R_{3d}i_{3d} + L_{3d}\frac{di_{3d}}{dt} + \frac{3}{2}M_{13d}\frac{d}{dt}\left(\underline{I}'_1 e^{-jp\beta} + \underline{I}''_1 e^{jp\beta}\right) + M_{23d}\frac{di_2}{dt} \qquad (308)$$

und die *Spannung der Querdämpferwicklung*

$$0 = R_{3q}i_{3q} + L_{3q}\frac{di_{3q}}{dt} + \frac{3}{2}M_{13q}\frac{d}{dt}\left(-j\underline{I}'_1 e^{-jp\beta} + j\underline{I}''_1 e^{jp\beta}\right) \qquad (309)$$

Wegen $\underline{I}'' = \underline{I}'^{\star}$ reichen die Gln.(305), (307), (308) und (309) zur Berechnung der unbekannten Ströme i_1, i_2, i_{3d} und i_{3q} aus. Wegen der Zeitabhängigkeit des Verdrehwinkels β stellen diese Gleichungen in der vorgestellten Form allerdings auch im Sonderfall konstanter Drehzahl keine gewöhnlichen Differentialgleichungen mit konstanten Koeffizienten dar. Sie lassen sich mit Hilfe einfacher Transformationen jedoch auf diese Form bringen [6].

Die Unterstellung konstanter Drehzahl ist für die meisten in der Praxis vorkommenden Ausgleichsvorgänge nicht zulässig, so daß ohnehin das System der Differentialgleichungen numerisch mit Hilfe eines Rechners gelöst werden muß. Zu den Spannungsgleichungen treten die Bewegungsgleichungen nach Abschnitt 5.5, in welche das Luftspalt-Drehmoment einzusetzen ist. Der Ausdruck für das *Luftspalt-Drehmoment* einer dreisträngigen Maschine, auf dessen Herleitung hier verzichtet wird, lautet

$$m = 6p \cdot \mathrm{Re}\left(-jM_{12}\underline{I}'_1 \cdot \frac{i_2}{2}e^{-jp\beta} - jL_2\underline{I}'^2_1 e^{-jp2\beta}\right.$$
$$\left. -jM_{13d}\underline{I}'_1\frac{i_{3d}}{2}e^{-jp\beta} - M_{13q}\underline{I}'_1\frac{i_{3q}}{2}e^{-jp\beta}\right) \qquad (310)$$

Der erste Term beinhaltet das *synchronisierende Moment*. Er ist nur scheinbar unterschiedlich vom ersten Term in Gl.(261), denn es gilt

$$j \cdot \underline{I}_1'^{\star} \cdot i_2 \cdot e^{jp\beta} = \left[-j \cdot \underline{I}_1' \cdot i_2 \cdot e^{-jp\beta} \right]^{\star} \quad . \tag{311}$$

Der zweite Term in Gl.(310) beinhaltet das *Reaktionsmoment*, welches durch die unterschiedlichen magnetischen Leitwerte in der Längs- und in der Querachse verursacht wird und nicht vom Erregerstrom abhängt. Das Reaktionsmoment hängt daher im Vergleich zum synchronisierenden Moment vom mechanischen Winkel 2β und nicht von β ab. Im Grenzfall der Vollpol-Synchronmaschine gilt $L_2 = 0$.

Die beiden letzten Terme in Gl.(310) beschreiben die *asynchronen Drehmomente der Dämpferwicklung*, die im stationären Synchronbetrieb verschwinden. Bezüglich des Unterschiedes in den Drehmomentanteilen der Längs- und der Querdämpferwicklung wird auf Gl.(306) verwiesen.

6.2.3 Berechnung des Stoßkurzschlußstromes aus dem Schaltgesetz

Der Rechnungsgang erfolgt analog zur Vollpolmaschine (siehe Abschnitt 6.1.3). Alle ohmschen Widerstände werden als verschwindend klein unterstellt ($R_1 = R_2 = R_3 = 0$). Es soll der symmetrische dreisträngige Kurzschluß aus dem vorangegangenen Leerlauf an Nennspannung berechnet werden, wobei die Drehzahl als konstant und gleich der synchronen Drehzahl unterstellt wird.

Dann gilt für die Zeit vor dem Kurzschließen ($t<0$): $i_1 = i_3 = 0$, $i_2 = I_2$.

Wenn man die Spannungsgleichung des Ständerstranges a in der Form von Gl. (263) anschreibt

$$u_{1a} = \frac{d\psi_{1a}}{dt} = -\omega_1 \cdot M_{12} \cdot I_2 \cdot sin\omega_1 t \quad , \tag{263}$$

so bedeutet der *Schaltaugenblick* $t = 0$, $\beta = 0$, daß die Maschine im Nulldurchgang der Strangspannung a kurzgeschlossen wird.

Für den *kritischen Augenblick* $\omega_1 t = \pi$, $\beta = \frac{\pi}{p}$ liefert das *Schaltgesetz* $\psi(-\Delta t) = \psi(+\Delta t)$ für die Flußverkettungen des Ständerstranges a

$$\underline{\psi}_{1a}' = M_{12} \cdot \frac{1}{2} \cdot I_2 \overset{!}{=} L_1\underline{I}_1' + L_2\underline{I}_1'' - M_{12} \cdot \frac{i_2}{2} - jM_{13q} \cdot \frac{i_{3q}}{2} - M_{13d} \cdot \frac{i_{3d}}{2} \qquad (312)$$

$$\underline{\psi}_{1a}'' = M_{12} \cdot \frac{1}{2} \cdot I_2 \overset{!}{=} L_2\underline{I}_1' + L_1\underline{I}_1'' - M_{12} \cdot \frac{i_2}{2} + jM_{13q} \cdot \frac{i_{3q}}{2} - M_{13d} \cdot \frac{i_{3d}}{2} \qquad (313)$$

$$\underline{\psi}_{1a}' + \underline{\psi}_{1a}'' = M_{12}I_2 \overset{!}{=} (L_1 + L_2)i_1 - M_{12}i_2 - M_{13d}i_{3d} \quad , \qquad (314)$$

für die Erregerwicklung

$$L_{2d}I_2 = -\frac{3}{2}M_{12}i_1 + L_{2d}i_2 + M_{23d}i_{3d} \qquad (315)$$

und für die Längsdämpferwicklung

$$\underbrace{M_{23d}I_2}_{\omega_1 t=0} = \underbrace{-\frac{3}{2}M_{13d}i_1 + M_{23d}i_2 + L_{3d}i_{3d}}_{\omega_1 t=\pi} \quad . \qquad (316)$$

Die Flußverkettung für die Querdämpferwicklung ist entbehrlich, da sie nach den getroffenen Annahmen im Schaltaugenblick und somit auch im kritischen Augenblick Null beträgt. Das algebraische Gleichungssystem (314) bis (316) bestimmt die Stoßströme im kritischen Schaltaugenblick und liefert beispielsweise für den *Stoßstrom im Anker*

$$i_1 = i_{1Stoß} = 2\frac{\hat{u}_1}{X_d''} \qquad (317)$$

mit der *subtransienten Längsreaktanz*

$$X_d'' = X_{hd}\left(\sigma_1 + \frac{\sigma_2 \cdot \sigma_{3d}}{\sigma_2 + \sigma_{3d} + \sigma_2 \cdot \sigma_{3d}}\right) \approx X_{hd}\left(\sigma_1 + \frac{\sigma_2 \cdot \sigma_{3d}}{\sigma_2 + \sigma_{3d}}\right) \quad . \qquad (318)$$

Aus dem Vergleich der Gl.(318) und der analogen Beziehung (269) für eine Vollpolmaschine geht der völlig gleichartige Aufbau hervor. Der wesentliche Unterschied in den Subtransientreaktanzen besteht in der Änderung von der Größe X_h bei der Vollpol- auf X_{hd} bei der Schenkelpolmaschine.

6.2.4 Park'sche Gleichungen der Zweiachsentheorie (d/q-Komponenten)

Als noch keine elektronischen Rechenmaschinen zur numerischen Lösung von Differentialgleichungssystemen zur Verfügung standen, war man bemüht, den Stoßkurzschluß einer Vollpol-Synchronmaschine zumindest unter der Annahme *konstanter Drehzahl* geschlossen berechnen zu können. Dies gelang erstmals dem Amerikaner R.H. Park im Jahre 1929 [8]. Durch die nach ihm benannte Park-Transformation wird das System der Spannungsgleichungen einer Schenkelpolsynchronmaschine auf Differentialgleichungen mit zeitlich konstanten Koeffizienten zurückgeführt.

Park selbst hat die von ihm entwickelte Transformation *Zweiachsentheorie* genannt. Die dabei definierten Ersatz-Größen werden auch *d- bzw. q-Komponenten* genannt. Man kann die Transformation physikalisch so deuten, daß alle Wicklungen einer Schenkelpol-Synchronmaschine jeweils auf zwei Achsen reduziert werden, die mit der Polradmagnetisierung übereinstimmende d-Achse und die dazu um den Winkel $\frac{\pi}{2p}$ versetzte q-Achse. Anders formuliert, die dreisträngige Ankerwicklung wird durch eine zweisträngige mit identischem Grundfeldverhalten ersetzt.

Der Zusammenhang zwischen den Ständer-Ersatzströmen i_d und i_q sowie den tatsächlichen Strangströmen i_{1a}, i_{1b} und i_{1c} wird durch die folgenden Gleichungen beschrieben:

$$i_d = \frac{2}{3}\left[i_{1a}\cos(p\beta) + i_{1b}\cos(p\beta - \frac{2}{3}\pi) + i_{1c}\cos(p\beta - \frac{4}{3}\pi)\right] =$$

$$= \underline{I}'_1 e^{-jp\beta} + \underline{I}''_1 e^{+jp\beta} \tag{319}$$

$$i_q = -\frac{2}{3}\left[i_{1a}\sin(p\beta) + i_{1b}\sin(p\beta - \frac{2}{3}\pi) + i_{1c}\sin(p\beta - \frac{4}{3}\pi)\right] =$$

$$= -j\left(\underline{I}'_1 e^{-jp\beta} - \underline{I}''_1 e^{+jp\beta}\right) \tag{320}$$

Die an zweiter Stelle jeweils genannte Schreibweise zeigt auch den analytischen *Zusammenhang zwischen den d/q-Komponenten und den SK für Augenblickswerte* auf. Völlig analoge Beziehungen gelten für die Spannungskomponenten u_d und u_q.

Für die *inverse Transformation* gilt

$$\underline{I}_1' = \frac{1}{2}(i_d + ji_q) \cdot e^{-jp\beta} \tag{321}$$

$$\underline{I}_1'' = \frac{1}{2}(i_d - ji_q) \cdot e^{jp\beta} \tag{322}$$

Ohne Beweis wird das Gleichungssystem der Schenkelpol-Synchronmaschine in d/q-Komponenten wiedergegeben:

Flußverkettung Längsachse:

$$\psi_d = L_d i_d + M_{12} i_2 + M_{13d} i_{3d} \tag{323}$$

Flußverkettung Querachse:

$$\psi_q = L_q i_q + M_{13q} i_{3q} \tag{324}$$

Spannung Längsachse:

$$u_d = R_1 i_d + \frac{d\psi_d}{dt} - p\omega_m \psi_q \tag{325}$$

Spannung Querachse:

$$u_q = R_1 i_q + \frac{d\psi_q}{dt} + p\omega_m \psi_d \tag{326}$$

Spannung Induktorwicklung:

$$U = R_2 i_2 + L_{2d}\frac{di_2}{dt} + \frac{3}{2} \cdot M_{12} \cdot \frac{di_d}{dt} + M_{23d}\frac{di_{3d}}{dt} \tag{327}$$

Spannung Längsdämpferwicklung:

$$0 = R_{3d} i_{3d} + L_{3d}\frac{di_{3d}}{dt} + \frac{3}{2} \cdot M_{13d} \cdot \frac{di_d}{dt} + M_{23d}\frac{di_2}{dt} \tag{328}$$

Spannung Querdämpferwicklung:

$$0 = R_{3q} i_{3q} + L_{3q}\frac{di_{3q}}{dt} + \frac{3}{2} \cdot M_{13q} \cdot \frac{di_q}{dt} \tag{329}$$

Luftspaltdrehmoment:

$$m = -\frac{3}{2}p(i_d\psi_q - i_q\psi_d) \tag{330}$$

Das Rechnen mit Symmetrischen Komponenten für Augenblickswerte und mit d/q-Komponenten beruht auf den gleichen Randbedingungen, nämlich der ausschließlichen

Berücksichtigung des Luftspalt-Grundfeldes der Polpaarzahl p. Die Gleichungen sind ineinander überführbar und liefern identische Ergebnisse. Für die Wahl der Methode sind deshalb nicht die Leistungsfähigkeit der Verfahren, sondern Zweckmäßigkeit und Gewohnheit maßgebend. Einige Entscheidungskriterien seien genannt:

- Die Gleichungen mit d/q-Komponenten sind reell, die Gleichungen mit Symmetrischen Komponenten hingegen komplex.

- Die SK stehen in unmittelbarem Zusammenhang zu den Originalgrößen $i = 2 \cdot \mathrm{Re}(\underline{I}')$, die d/q-Komponenten der Ströme müssen komplizierter in Originalströme rücktransformiert werden.

- Die meisten Koeffizienten der in SK geschriebenen Differentialgleichungen beinhalten Drehfeldgrößen mit unmittelbarem Bezug zu den Geometriedaten der betrachteten Maschine. Die d/q-Komponenten sind hingegen nur über aufwendige Rechnungen aus den Geometriedaten der Maschine zu gewinnen, weshalb ihre Anwendung zum "Spielen" mit fiktiven Daten verführt, die geometrisch nicht realisierbar sind.

- Die SK lassen im Gegensatz zu den d/q-Komponenten auf einfache Weise die Einbindung von Oberfelderscheinungen zu.

6.2.5   Reaktanzen und Zeitkonstanten

Die Bestimmung VDE 0530 Teil 4/9.89 beinhaltet Verfahren zur Ermittlung der Kenngrößen von Synchronmaschinen durch Messungen. Dabei geht es in erster Linie um die Bestimmung von Reaktanzen und Zeitkonstanten. Die Leerlaufzeitkonstanten erhält man aus der Auswertung des Oszillogrammes der Leerlaufspannung nach einem Kurzschluß der Erregerwicklung. Die Kurzschlußzeitkonstanten werden im Stoßkurzschlußversuch gemessen. Diese Verfahren fußen auf der Näherung, daß sich alle Ausgleichsvorgänge bei Synchronmaschinen als die Überlagerung von Gleichströmen, die mit der sogenannten Gleichstromzeitkonstanten abklingen, und von netzfrequenten Wechselströmen, deren Anteile mit der subtransienten und der transienten Zeitkonstanten abklingen, darstellen lassen.

Insbesondere bei solchen Ausgleichsvorgängen, bei denen die Drehzahl eine wesentliche Änderung erfährt, sind die Näherungen bestenfalls für qualitative Überlegungen aussagefähig. Mit dem Vordringen leistungsfähiger digitaler Rechenmaschinen haben die Reaktanzen und Zeitkonstanten als Kenngrößen einer Synchronmaschine ihre ursprüngliche Bedeutung zum Teil verloren. Trotzdem sollen im folgenden alle wichtigen Reaktanzen und Zeitkonstanten zusammengestellt werden. Die meisten Größen wurden in den vorangegangenen Kapiteln abgeleitet oder folgen zumindest mittelbar aus den Herleitungen.

Alle Reaktanzen und Zeitkonstanten werden mit Hilfe der bezogenen Größen $x = X \cdot \dfrac{I_{N,Str.}}{U_{N,Str.}}$ bzw. $r = R \cdot \dfrac{I_{N,Str.}}{U_{N,Str.}}$ formuliert. Alle ohmschen Widerstände und Reaktanzen sind ohne besondere Kennzeichnung auf die Ständerwindungszahl reduziert angenommen. Man erhält [31] im einzelnen für die:

Transient-Reaktanz in der d-Achse

$$x'_d = x_{1\sigma} + \frac{x_{hd} \cdot x_{2\sigma}}{x_{hd} + x_{2\sigma}} \tag{331}$$

Subtransient-Reaktanz in der d-Achse

$$x''_d = x_{1\sigma} + \frac{1}{\frac{1}{x_{hd}} + \frac{1}{x_{2\sigma}} + \frac{1}{x_{3\sigma d}}} \tag{332}$$

Subtransient-Reaktanz in der q-Achse

$$x''_q = x_{1\sigma} + \frac{x_{hq} \cdot x_{3\sigma q}}{x_{hq} + x_{3\sigma q}} \tag{333}$$

Leerlaufzeitkonstante

$$T_{d0} = \frac{x_{hd} + x_{2\sigma}}{\omega_1 \cdot r_2} \tag{334}$$

Transiente Kurzschlußzeitkonstante in der Längsachse = Kurzschlußzeitkonstante der Erregerwicklung

$$T'_d = T_{d0} \cdot \frac{x'_d}{x_d} = \frac{1}{\omega_1 \cdot r_2} \left(x_{2\sigma} + \frac{x_{hd} \cdot x_{1\sigma}}{x_{hd} + x_{1\sigma}} \right) \tag{335}$$

Subtransiente Kurzschlußzeitkonstante in der Längsachse

$$T''_d = \frac{x_{3\sigma d} + \frac{1}{\frac{1}{x_{hd}} + \frac{1}{x_{1\sigma}} + \frac{1}{x_{2\sigma}}}}{\omega_1 \cdot r_{3d}} \tag{336}$$

Subtransiente Kurzschlußzeitkonstante in der Querachse

$$T''_q = \frac{1}{\omega_1 \cdot r_{3q}} \left(x_{3\sigma q} + \frac{x_{hq} \cdot x_{1\sigma}}{x_{hq} + x_{1\sigma}} \right) \tag{337}$$

Subtransiente Leerlaufzeitkonstante in der Längsachse

$$T''_{d0} = T''_d \cdot \frac{x'_d}{x''_d} = \frac{1}{\omega_1 \cdot r_{3d}} \left(x_{3\sigma d} + \frac{x_{hd} \cdot x_{2\sigma}}{x_{hd} + x_{2\sigma}} \right) \tag{338}$$

Subtransiente Leerlaufzeitkonstante in der Querachse

$$T''_{q0} = \frac{x_{hq} + x_{3\sigma q}}{\omega_1 \cdot r_{3q}} \quad . \tag{339}$$

Die *Zeitkonstanten beim zweipoligen Kurzschluß* lassen sich durch folgende Näherungsgleichungen bestimmen:

- Transiente Kurzschlußzeitkonstante in der Längsachse

$$T'_{d_{II}} = T'_d \cdot \frac{1 + \frac{x_2}{x'_d}}{1 + \frac{x_2}{x_d}} \qquad \text{mit } x_2 = \frac{1}{2}(x''_d + x''_q) \qquad (340)$$

- Subtransiente Kurzschlußzeitkonstante in der Längsachse

$$T''_{d_{II}} = T''_d \cdot \frac{1 + \frac{x_2}{x''_d}}{1 + \frac{x_2}{x'_d}} \qquad (341)$$

- Subtransiente Kurzschlußzeitkonstante in der Querachse

$$T''_{q_{II}} = T''_q \cdot \frac{1 + \frac{x_2}{x''_q}}{1 + \frac{x_2}{x'_q}} \qquad (342)$$

6.3 Beispiele für Ausgleichsvorgänge

Die abgeleiteten Gleichungssysteme gestatten die digitale Simulation aller vorkommenden Schaltvorgänge und Störungen bei Antrieben mit *ungeregelten* Synchronmaschinen. Synchrongeneratoren sind fast immer in ein Regelsystem eingebettet (Spannungsregelung des Generators, Drehzahl- und Leistungsregelung der Turbine). Die wichtigsten Ausgleichsvorgänge, auf welche die Regelung Einfluß nimmt, sind

- Klemmenkurzschlüsse (drei-, zwei- oder einpolig),

- Klemmenkurzschlüsse mit anschließender Fortschaltung,

- Kurzunterbrechungen (drei-, zwei- oder einpolig).

Auf die Einbeziehung der Regelung soll wie schon im Abschnitt 5.9 in diesem Buch, das dem Zusammenwirken und der Rückkopplung zwischen den elektromagnetischen Vorgängen in elektrischen Maschinen bei Speisung aus einer starren Spannungsquelle und den mechanischen Ausgleichsvorgängen im Wellenstrang gewidmet ist, verzichtet werden.

Motorische Antriebe am sinusförmigen Netz werden durchweg ungeregelt betrieben. Die dreipolige Kurzunterbrechung einer Synchronmaschine entspricht dann weitgehend der Netzumschaltung einer Asynchronmaschine.

6.3.1 Anlauf und Synchronisation eines Turboverdichter-Antriebes

Turboverdichter sind oft mehrstufige Aggregate, die mit Drehzahlen $n > 3000\,\text{min}^{-1}$ betrieben werden. Sie werden mit zwei- oder vierpoligen Motoren über ein Getriebe gekuppelt.

Die niedrigste torsionskritische Drehzahl des Antriebssystems, bezogen auf die Motordrehzahl, liegt stets niedriger als das Doppelte der Netzfrequenz. Dies bedeutet, daß beim asynchronen Anlauf mit einem Synchronmotor die torsionskritische Drehzahl angeregt wird, denn bei Synchronmotoren entstehen im asynchronen Betrieb aufgrund der magnetischen Anisotropie des Läufers und der Unsymmetrie der Dämpferwicklung Pendelmomente von doppelter Schlupffrequenz. Beim Hochlauf vom Stillstand zum Synchronismus ändert sich demnach die Frequenz der anregenden Pendelmomente von doppelter Netzfrequenz auf Null. Wegen der unterschiedlichen Reaktanzen in der d- und in der q-Achse hängt das Anfahrdrehmoment eines Synchronmotors anders als bei einem Asynchronmotor von der räumlichen Anfangslage des Polrades und dem Nullphasenwinkel der Netzspannung ab. Es zeigt sich, daß das maximale Stoßdrehmoment im Luftspalt dann auftritt, wenn die freien Parameter keinen Gleichanteil des Stromes in der Erregerwicklung bewirken. Für Schalten im Nulldurchgang der Spannung des Bezugsstranges bedeutet dies beispielsweise, daß das Luftspaltdrehmoment für die Ausgangslage $p \cdot \beta = \frac{\pi}{2}$ maximal wird, d.h. wenn die Achse des Bezugsstranges senkrecht zur d-Achse liegt, oder anders formuliert, wenn der Bezugsstrang des Ständers und das Polrad in zwei zueinander senkrechten Achsen magnetisieren [32;33;34].

Am Beispiel eines vierpoligen 2500-kW-Antriebes soll überprüft werden, ob bei einem "schnellen" Hochlauf durch die Pendelmomentanregungen eine Gefährdung der Bauteile entsteht. Unzulässig sind negative Werte des Getriebedrehmomentes, weil das Getriebe dann aufgrund der Lose aus dem Eingriff gerät.

In Bild 55 sind die Zeitverläufe des Luftspaltdrehmomentes, des Getriebedrehmomentes, der Drehzahl, des Stromes im Anker-Bezugsstrang a und in der kurzgeschlossenen Erregerwicklung wiedergegeben.

Synchronmotoren werden stets mit direkt oder über Widerstände kurzgeschlossener Erregerwicklung angelassen. Man vermeidet hierdurch unzulässige Spannungen an den Klemmen der Erregerwicklung, außerdem tragen die Ströme in der Feldwicklung zur Verbesserung der Anlaufeigenschaften bei. Durch Parametervariation läßt sich

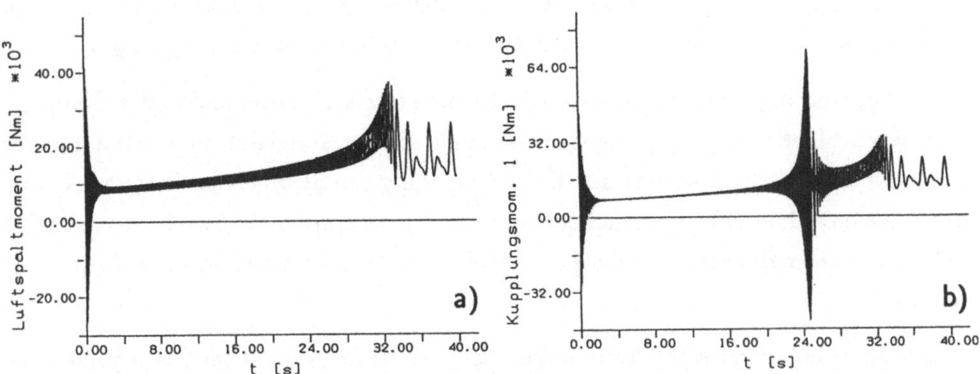

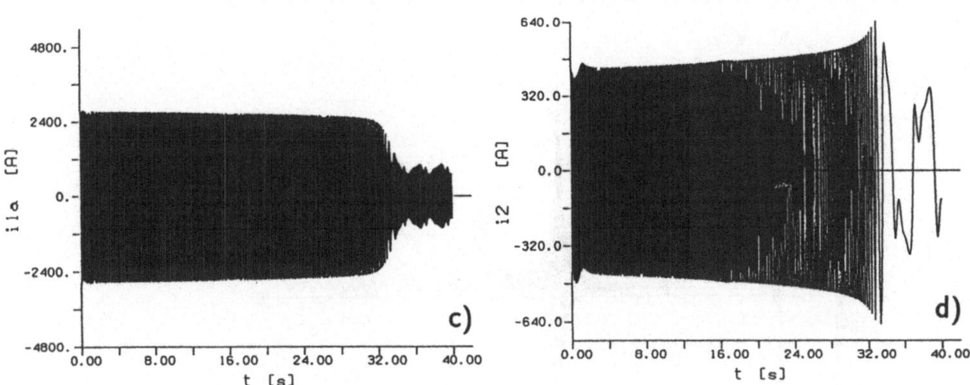

Bild 55: Asynchroner Anlauf eines Antriebes mit Synchronmotor und Turboverdichter

Schenkelpolläufer mit kurzgeschlossener Erregerwicklung

Beispielantrieb: 2.500 kW, 5 kV, 50 Hz, 2p=4,

$$f_{krit.1} = 30\ Hz,\ D = 0{,}01,\ M_{Verdichter} = M_N \cdot \left(\frac{n}{n_N}\right)^2$$

a) Luftspaltdrehmoment   b) Getriebedrehmoment

c) Strom im Ankerbezugsstrang   d) Strom in der Erregerwicklung

ein flaches Optimum für den Abschlußwiderstand der Erregerwicklung finden. Das maximale Drehmoment im Getriebe $M_{Getr.max} = 68$ kNm $= 4,3 \cdot M_N$ entsteht nach der Zeit $t = 25$ s genau zu dem Zeitpunkt, zu welchem die Drehzahl $n = (1 - s) \cdot n_1 = 1050$ min^{-1} beträgt, wenn also $2sf_1 = 30$ Hz $= f_{krit.1}$ gilt.

Im stationären Asynchronbetrieb sind die Ströme in der Erreger- und in der Dämpferwicklung schlupffrequent, wohingegen die Amplitude des Ständerstromes mit doppelter Schlupffrequenz schwankt, was auf die Überlagerung von Strömen der Frequenz f_1 und der Frequenz $(1 - 2s) \cdot f_1$ zurückzuführen ist. Es ist typisch für Synchronmaschinen im asynchronen Betrieb, daß die Läuferströme einen nichtsinusförmigen Zeitverlauf nehmen.

In Bild 56 ist für den gleichen Antrieb wie in Bild 55 der Zeitverlauf des Getriebedrehmomentes für den Fall geplottet, daß die Erregerwicklung beim asynchronen Anlauf offen ist. Das Stoßdrehmoment ist deutlich größer, die Anlaufzeit jedoch deutlich kleiner geworden im Vergleich zum Hochlauf mit kurzgeschlossener Erregerwicklung.

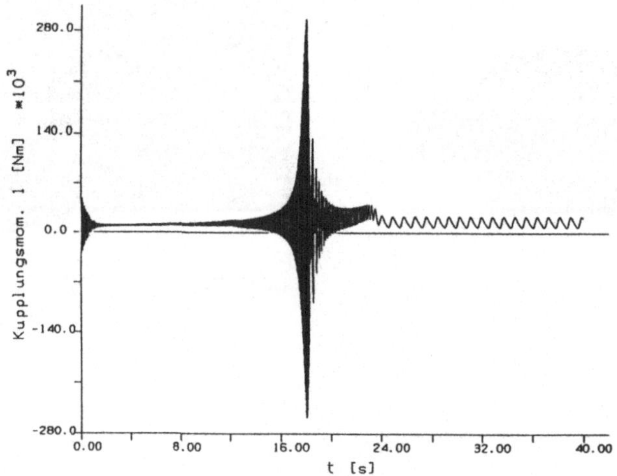

Bild 56: Asynchroner Anlauf eines Antriebes mit Synchronmotor und Turboverdichter
Schenkelpolläufer mit offener Erregerwicklung
Beispielantrieb: 2.500 kW, 5 kV, 50 Hz, 2p=4,
$f_{krit.1} = 30$ Hz, D$= 0,01$, $M_{Verdichter} = M_N \cdot \left(\frac{n}{n_N}\right)^2$
Getriebedrehmoment

Um die Wirkung der Pollücke offenzulegen, findet man im Schrifttum häufig Darstellungen, bei denen den Rechnungen für den Schenkelpolläufer Vergleichsrechnungen mit $L_2 = 0$ (beim Rechnen mit SK) bzw. mit $X_d = X_q$ (beim Rechnen mit d/q-Komponenten) unter Beibehaltung aller übrigen Ersatzparameter gegenübergestellt sind.

Diese Darstellung ist rein fiktiv und geometrisch nicht verifizierbar, denn die Ersatzdaten für die Längs- und die Querdämpferwicklung hängen von der Geometrie der Pollücke ab. In Bild 57 ist ein Vollpolläufer unterstellt, bei dem die Geometrie der Dämpferwicklung und die Daten der Erregerwicklung gegenüber dem Schenkelpolläufer unverändert angenommen wurden. Anders formuliert, dieser Plot dokumentiert im Vergleich zu Bild 55b nicht nur die Wirkung der fehlenden Pollücke, sondern schließt die damit zwangsläufig verbundene Wirkung auf die Flußverkettungen der Ersatzdämpferwicklungen ein [35].

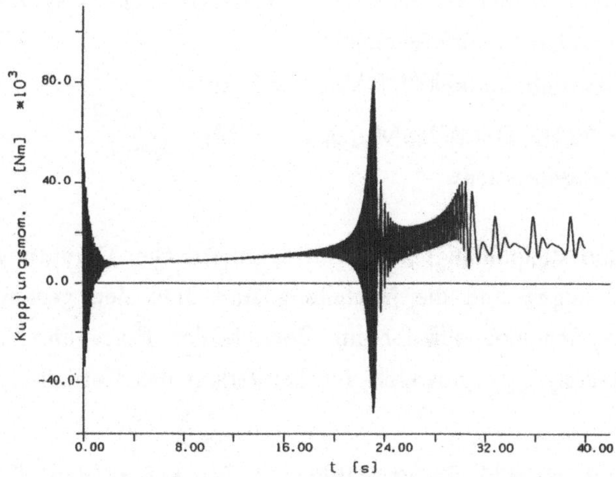

Bild 57: Asynchroner Anlauf eines Antriebes mit Synchronmotor und Turboverdichter. Vollpolläufer mit kurzgeschlossener Erregerwicklung. Dämpferwicklung geometrisch identisch wie beim Schenkelpolläufer Bild 55
Beispielantrieb: 2.500 kW, 5 kV, 50 Hz, 2p=4,

$f_{krit.1} = 30\,\text{Hz},\ D = 0{,}01,\ M_{Verdichter} = M_N \cdot \left(\dfrac{n}{n_N}\right)^2$
Getriebedrehmoment

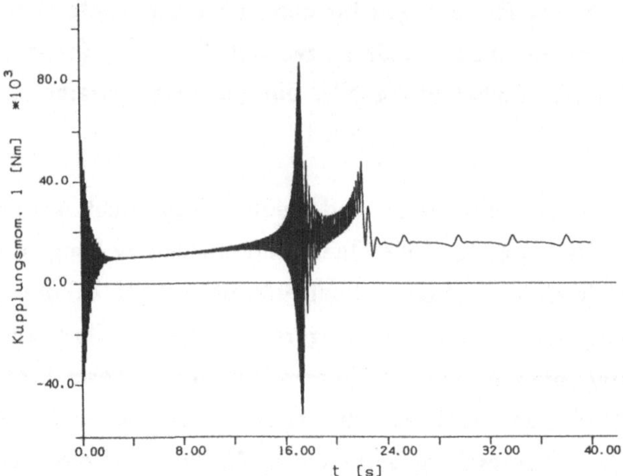

Bild 58: Asynchroner Anlauf eines Antriebes mit Synchronmotor und Turbo-verdichter. Vollpolläufer mit kurzgeschlossener Erregerwicklung und symmetrischer Dämpferwicklung
Beispielantrieb: 2.500 kW, 5 kV, 50 Hz, 2p=4,
$$f_{krit.1} = 30\,Hz,\ D = 0{,}01,\ M_{Verdichter} = M_N \cdot \left(\frac{n}{n_N}\right)^2$$
Getriebedrehmoment

Tatsächlich führt man Vollpolläufer meist mit symmetrischer Dämpferwicklung aus, d.h. die Stababmessungen und die Nutteilung sind über den gesamten Umfang identisch wie beim Schenkelpolläufer im Bereich der Polschuhe. Unter dieser realistischen Randbedingung ergibt sich der Zeitverlauf des Getriebedrehmomentes nach Bild 58.

Der Vergleich der Plots Bild 58 und Bild 55b weist aus, daß die landläufige Lehrmeinung, ein Vollpolläufer sei in bezug auf die Drehmomentüberhöhungen im asynchronen Anlauf stets günstiger als ein Schenkelpolläufer, für den hier behandelten Beispielantrieb nicht zutrifft. Bei dem Plot nach Bild 59 wurde der gleiche Antrieb wie in Bild 58, jedoch mit offener Erregerwicklung unterstellt. Die Vorgänge entsprechen voll denen einer Asynchronmaschine. Wegen der fehlenden "Achsigkeit" des Läufers ist die Drehmomentüberhöhung beim Durchfahren der Resonanz besonders klein.

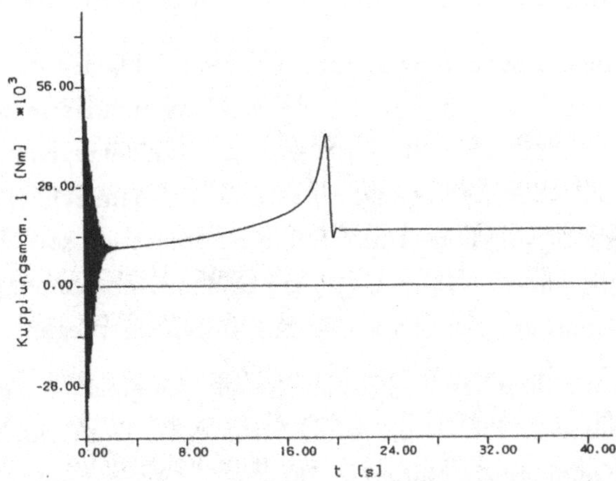

Bild 59: Asynchroner Anlauf eines Antriebes mit Synchronmotor und Turboverdichter. Vollpolläufer mit offener Erregerwicklung und symmetrischer Dämpferwicklung

Beispielantrieb: 2.500 kW, 5 kV, 50 Hz, 2p=4, $f_{krit.1} = 30$ Hz, D=0,01,

$$M_{Verdichter} = M_N \cdot \left(\frac{n}{n_N}\right)^2 \qquad \text{Getriebedrehmoment}$$

Am Ende des asynchronen Anlaufes wird der *Synchronisationsvorgang* eingeleitet, indem die Erregerwicklung aufgetrennt und mit einer Gleichspannung beaufschlagt wird. Die Ergebnisse der Simulation des Synchronisationsvorganges sind in Bild 60 wiedergegeben.

Bei den Rechnungen ist unterstellt, daß die im stationären Asynchronbetrieb kurzgeschlossene Erregerwicklung im positiven Nulldurchgang des nichtsinusförmigen Erregerstromes aufgetrennt und 100 ms später auf die starre Erreger-Gleichspannung (Bemessungsspannung) geschaltet wird. Das Zeitintervall 100 ms soll den in der Praxis unvermeidlichen Schaltereigenzeiten Rechnung tragen. Das Zuschalten der Gleichstromerregung stellt hinsichtlich der dabei auftretenden Stoßdrehmomente eine unkritische Schalthandlung dar. Die Ausgleichsvorgänge sind nach wenigen hundert ms abgeklungen, und der Vorgang ist in den stationären Synchronbetrieb eingemündet. Natürlich hängt der Synchronisationsvorgang von den Parametern des Einzelfalles ab; ein kleiner Schlupf (harte Drehmoment-Drehzahl-Kennlinie des Motors, kleines Gegenmoment der Arbeitsmaschine) und ein geringes Massenträgheitsmoment des Antriebes begünstigen das Synchronisieren.

6.3.2 Fehlsynchronisation eines Generators mit dem Netz

Wenn bei einem Synchrongenerator vor dem Schließen des Kuppelschalters mit dem Netz die vom Polrad in der Ständerwicklung induzierte Spannung nach Frequenz, Amplitude, Phasenlage und Phasenfolge mit der Netzspannung übereinstimmt, so sind die Synchronisationsbedingungen ideal und nach dem Schließen des Schalters entstehen keine Ausgleichsvorgänge. Unter Fehlsynchronisation soll verstanden werden, daß für $f_{Gen.} = f_{Netz}$ und für $U_p = U_{Netz}$ die beiden Drehspannungssysteme zum Zeitpunkt des Zuschaltens um den Fehlwinkel $\Delta\varphi$ auseinanderliegen.

In Bild 61 sind für einen Beispielantrieb mit den gleichen mechanischen Daten wie bei dem Antrieb in Abschnitt 6.3.1 alle Ströme, die Drehzahl, das Luftspaltdrehmoment und das Kupplungsdrehmoment für eine Fehlsynchronisation mit dem Fehlwinkel $\Delta\varphi = -20°$ wiedergegeben.

Das negative Vorzeichen soll anzeigen, daß die Netzspannung der vom Polrad induzierten Spannung nacheilt. Parametervariationen haben gezeigt, daß für positive Werte von $\Delta\varphi$ kleinere Stoßdrehmomente entstehen als bei betragsgleichen negativen Winkeldifferenzen. Der Winkel $\Delta\varphi = -20°$ wurde deshalb für die Simulation gewählt, weil die dann entstehenden Stoßwerte in der Größenordnung des dreifachen der Bemessungswerte liegen, was bei den meisten Antrieben noch als zulässig angesehen werden kann. Für $\Delta\varphi = -30°$ steigt das Stoßdrehmoment in der Kupplung bereits auf das 5,2-fache Bemessungsdrehmoment an. Mit dem Wert $\Delta\varphi = -20°$ ist also etwa die Grenze des aus mechanischen Gründen zulässigen Fehlwinkels aufgezeigt.

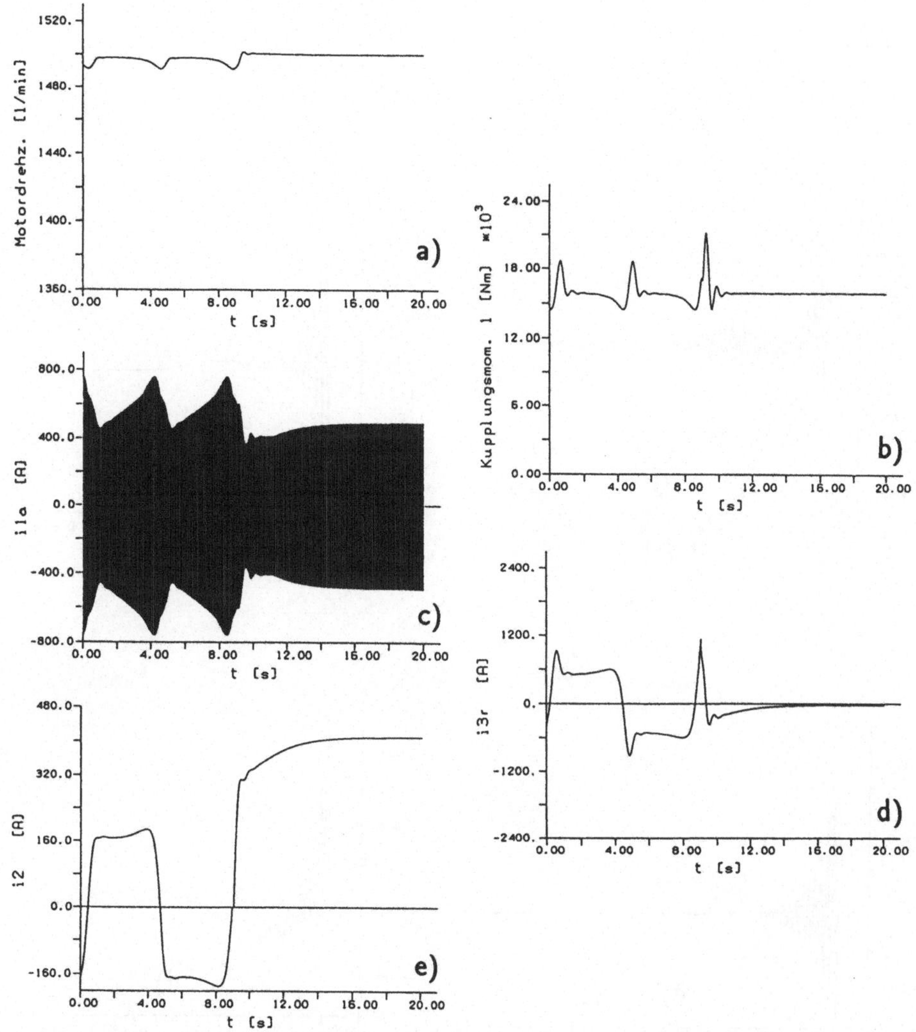

Bild 60: Intrittfallen eines Antriebes mit Turboverdichter und Vollpolsynchronmotor nach dem asynchronen Anlauf mit kurzgeschlossener Erregerwicklung
Beispielantrieb: 2.500 kW, 5 kV, 50 Hz, 2p=4,

$$f_{\text{krit.1}} = 30\,\text{Hz},\ D = 0{,}01,\ M_{\text{Verdichter}} = M_N \cdot \left(\frac{n}{n_N}\right)^2$$

a) Drehzahl   b) Getriebedrehmoment
c) Strom im Ankerbezugsstrang
d) Strom in der Erregerwicklung   e) Strom in der Dämpferwicklung

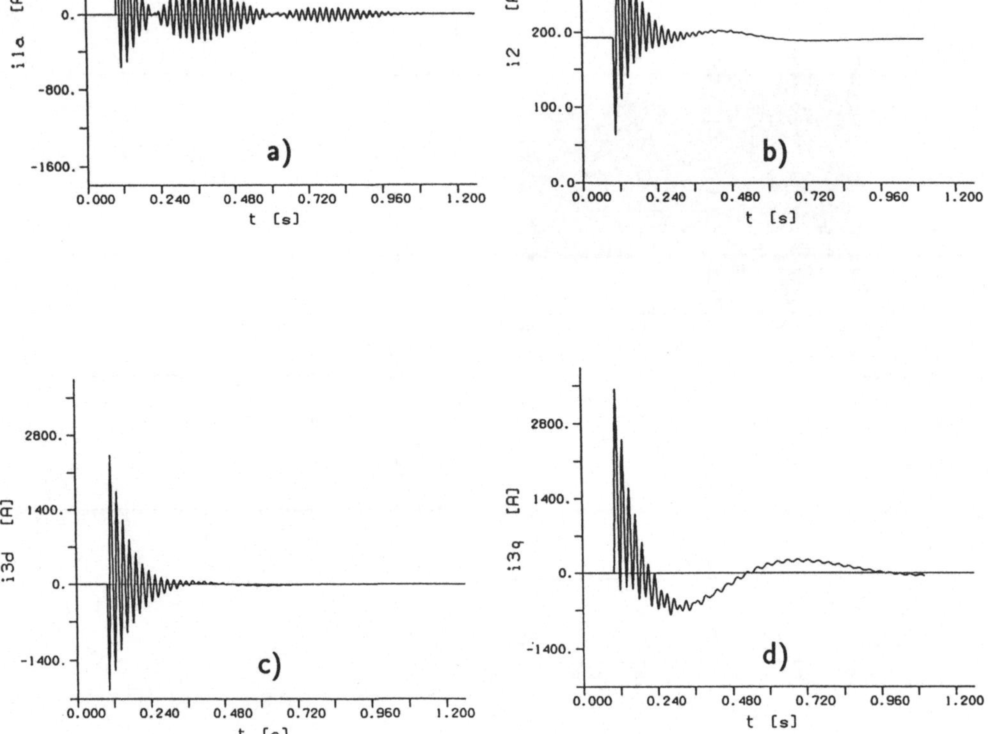

Bild 61: Fehlsynchronisation eines Generators aus dem Leerlauf mit Nennspannung
Generator: 2.900 kVA, 5 kV, 50 Hz, 2p=4, $cos\varphi = 0,85$ übererregt
a) Ständerstrom b) Strom in der Erregerwicklung
c) Strom in der Längsdämpferwicklung
d) Strom in der Querdämpferwicklung

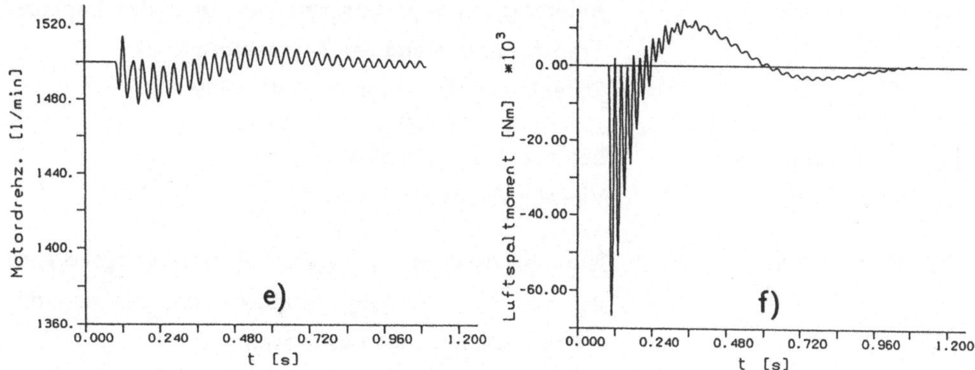

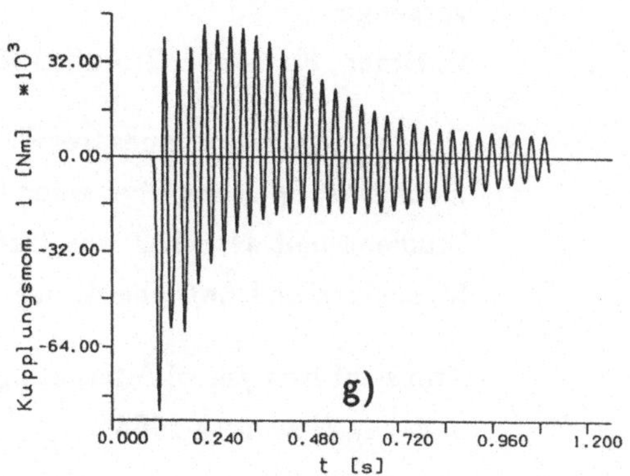

Bild 61: Fehlsynchronisation eines Generators aus dem Leerlauf mit Nennspannung
Generator: 2.900 kVA, 5 kV, 50 Hz, 2p=4, $cos\varphi = 0{,}85$ übererregt

e) Drehzahl   f) Luftspaltdrehmoment   g) Kupplungsdrehmoment

Literaturverzeichnis

[1] G. Doetsch
Anleitung zum praktischen Gebrauch der Laplace-Transformation und der Z-Transformation
Oldenbourg, München, 6. Aufl. 1989

[2] W. Ameling
Laplace-Transformation
Vieweg, Wiesbaden, 3. Aufl. 1984

[3] H.-H. Winkel
Numerische Berechnung des Selbsterregungsvorganges von Nebenschlußgeneratoren und des dynamischen Verhaltens bei Laststößen
Studienarbeit Nr. 142 am Institut für Elektrische Maschinen und Antriebe, Universität Hannover 1985

[4] R. Brüderlink
Laplace-Transformation und elektrische Ausgleichsvorgänge
G. Braun, Karlsruhe, 2. Aufl. 1964

[5] K. Brach
Digitale Simulation eines fremderregten Gleichstrommotors bei Speisung über einen Chopper
Studienarbeit Nr. 128 am Institut für Elektrische Maschinen und Antriebe, Universität Hannover 1983

[6] W.V. Lyon
Transient Analysis of Alternating-Current Machinery
J. Wiley, New York 1954

[7] J. Štěpina
Komplexe Grundgleichungen der Asynchronmaschine
A.f.E. 73 (1990) S. 45 - 49

[8] R.H. Park
Two-Reaction Theory of Synchronous Machines I (Generalized Method of Analysis)
Transactions, American Institute of Electrical Engineers (1929) S. 716 - 727

[9] F. Heller, W. Kauders
Das Görges'sche Durchflutungspolygon
A.f.E. 29 (1935) S. 599 - 616

[10] B. Heller, V. Klima   Das Görges'sche Durchflutungspolygon II
                               A.f.E. 52 (1968) S. 114 - 125

[11] K. Simonyi   Grundgesetze des elektromagnetischen Feldes
                               VEB Verlag Technik, Berlin 1963

[12] W. Nürnberg   Die Asynchronmaschine
                               Springer, Berlin, 2. Aufl. 1976

[13] R. Richter   Über zusätzliche Stromwärme
                               III. Nutenwicklungen mit unterteilten Leitern
                               A.f.E. 5 (1916) S. 1 -52

[14] H.O. Seinsch   Grundlagen elektrischer Maschinen und Antriebe
                               Teubner, Stuttgart, 2. Aufl. 1988

[15] W. Paszek   Transientes Verhalten der Induktionsmaschine mit
                               Hochstabläufer
                               A.f.E. 63 (1981) S. 419 - 423

[16] K.P. Kovács, I. Rácz   Transiente Vorgänge in Wechselstrommaschinen
                               (2 Bände)
                               Verlag der ungarischen Akademie der Wissenschaften,
                               Budapest 1959

[17] U. Beckert   Analyse des dynamischen Verhaltens von Antriebs-
                               systemen mit Asynchronmotoren mit Hilfe digitaler
                               Simulation
                               Zeitschrift für elektrische Informations- und Energie-
                               technik (Leipzig) 10 (1980) S. 133 - 152

[18] U. Beckert, W. Neuber   Beitrag zur Dynamik von Antrieben mit Drehstrom-
                               asynchronmotoren
                               Elektrie 35 (1981) S. 175 - 178

[19] U. Beckert, W. Neuber   Digitale Simulation von Asynchronmotoren mit Hoch-
                               stabläufer im dynamischen Betrieb
                               Elektrie 42 (1988) S. 187 - 189

[20] J. Müller   Über den Einfluß der elektromagnetischen Dämpfung auf den Hochlauf von drehelastischen Antrieben mit Drehstrommotoren
Dissertation Universität Hannover 1983

[21] B. Wolf   Dynamische Beanspruchungen in drehelastischen Antrieben mit Asynchronmaschinen
Schorch Berichte (1986) S. 39 - 50

[22] St. Rust, H.O. Seinsch   Auftrennung der Schnittstelle zwischen dem elektromagnetischen und dem mechanischen Teil eines drillschwingungsfähigen Drehstromantriebes bei transienten Vorgängen
Technischer Bericht Nr. 945 am Institut für Elektrische Maschinen und Antriebe, Universität Hannover 1989

[23] P. Sattler, H. Rentzsch   Drehstrom-Asynchronmotoren in der chemischen Industrie
ETZ-B 13 (1961) S. 339 - 342

[24] E. Pittius, H.O. Seinsch   Die Stoßdrehmomente bei symmetrischen und unsymmetrischen Kurzschlüssen in Asynchronmaschinen
A.f.E. 72 (1989) S. 41 - 50 und 224

[25] Z. Čeřovský   Analysis of the reswitching surge current in an induction motor
Acta Technica CSAV 20 (1975) S. 530 - 547

[26] Z. Čeřovský   Surge of the transient torque of an induction motor due to its rapid reconnection
Acta Technica CSAV 21 (1976) S. 219 - 230

[27] E. Pittius, St. Rust   Über die dynamischen Beanspruchungen in den
      H.O.Seinsch   Wellensträngen großer Gebläseantriebe bei der Netz-
                                umschaltung von Asynchronmaschinen-Gruppen
                                A.f.E. 71 (1988) S. 399 - 411

[28] H. Orlowski, E. Pittius   Stoßdrehmomente im Wellenstrang von
      H.O.Seinsch   Großantrieben
                                etz 111 (1990) S. 286 - 291

[29] J. Brandes   Beanspruchungen des Wellenstranges bei umrichter-
                                gespeisten Asynchronmaschinen
                                A.f.E. 73 (1990) S. 115 - 130

[30] H.W. Lorenzen   Die Theorie des asynchronen Anlaufs von Schenkel-
      H.Jordan   polsynchronmaschinen mit geblechten Läufern
                                A.f.E. 50 (1966) S. 372 - 387

[31] J. Klamt   Berechnung und Bemessung elektrischer Maschinen
                                Springer, Berlin 1962

[32] W. Janßen   Die Berechnung des asynchronen Anlaufes von Voll-
                                polsynchronmotoren
                                Dissertation Universität Hannover 1989

[33] J. Bendl, L. Schreier   The influence of initial position of synchronous
      P.Medáček   machine rotor upon dynamics of asynchronous star-
                                ting
                                Acta Technica CSAV 34 (1989) S. 599 - 612

[34] O. Křenková   Modelling of the asynchonous starting of a synchro-
                                nous motor
                                Acta Technica CSAV 34 (1989) S. 621 - 637

[35] B. Ponick   Erstellen eines Rechenmaschinenprogramms auf der
                                Basis der Symmetrischen Komponenten zur Berech-
                                nung von Ausgleichsvorgängen in Synchronmaschinen
                                Diplomarbeit Nr. 514 am Institut für Elektrische
                                Maschinen und Antriebe, Universität Hannover 1990

Sachregister

Seinsch
Oberfelderscheinungen in Drehfeldmaschinen

Grundlagen zur analytischen und numerischen Berechnung

**Von Prof. Dr.-Ing.
Hans Otto Seinsch**
Universität Hannover

1991. ca. 140 Seiten.
16,2 x 22,9 cm.
Kart. ca. DM 30,–.
ISBN 3-519-06137-6

Preisänderungen vorbehalten.

In diesem Buch werden zum ersten Mal alle für die Ingenieurpraxis wichtigen Auswirkungen von Oberfeldern in gedrängter Form dargelegt. Das Buch behandelt die Berechnung der durch Luftspaltoberfelder verursachten Drehmomente (asynchrone, synchrone Oberwellendrehmomente und Pendelmomente), der für den magnetischen Lärm verantwortlichen Zugspannungswellen, der einseitig magnetischen Zugkräfte und der Verluste aus Oberwellen. Der Begriff Drehfeldmaschine überdeckt Induktions- und Synchronmaschinen; wegen der besonderen Bedeutung von Oberwellenerscheinungen in Induktionsmaschinen auf Grund des kleinen Luftspaltes sind die technischen Auswirkungen an dieser Maschinenart aufgezeigt.
Ausgangspunkt der Oberfeldtheorie ist die Beschreibung des Luftspaltfeldes. Von den bekannten Verfahren zur Darstellung von Oberfeldern werden die durch H. Jordan begründete Drehfeldtheorie und das durch V. Klima entwickelte Verfahren der verallgemeinerten Symmetrischen Komponenten vorgestellt.
Das aus einer Vorlesung entstandene Buch soll zugleich Lehrbuch und Leitfaden für den Ingenieur sein.

B. G. Teubner Stuttgart